跟着大师学做
异国料理

日式、韩式、泰式、意大利、西班牙、中东、
西餐料理，一次学会七大主题料理

李香芳　林幸香　林丽娟　段生浩　许宏寓　程安琪　黄佳祥　叶信宏
〔西〕丹尼尔·尼格雷亚（Daniel Negreira）著

河南科学技术出版社
·郑州·

目录

Chapter 1 日式料理

Chapter 2 韩式料理

Chapter 5 西班牙料理

Chapter 6 中东料理

Chapter 7 西餐料理

Chapter *

日式料理

日式料理是可让人品尝到酸、甜、苦、辣、咸五味，并具备五色的料理。制作时除了要营养均衡，最重要的是将食材的原味引出，秉持日本料理的精神，做出色香味俱全的日式风味料理。

* “Chapter”意为“章”。

料理专家简介 Profile

叶信宏

喜好在自由情境中发挥智慧，制作日本料理超过20年，现任福野精致日本料理海鲜餐厅、台中空厨股份有限公司总经理。

林丽娟

对美食和资讯同样好奇，资深美食媒体记者，采写经验23年。

烧海苔

海苔一般称为海苔片。卷寿司时，要注意力道，不可用力挤压，以免寿司饭太过紧绷而口感不佳；动作要快，以免手上的热量让海苔变软，影响食材的鲜美清爽。

纳豆

纳豆含多种营养，有益健康，应注意选购安全健康的产品。传统食用方式是先将纳豆加上酱油或日式芥末，搅拌至丝状物出现，置于白米饭上食用，此即纳豆饭。

浦岛香松

浦岛香松从日本进口，有鲣鱼、虾卵、海苔芝麻等口味，可撒在茶泡饭、荞麦凉面、冷盘上，增添风味。此外，也可把香松和白米饭拌匀塑形，握成三角饭团来食用。

白山药

白山药含多种矿物质，日本人偏爱白山药，常用来切细后生食或蒸煮后食用。肠胃消化能力较弱的人宜做熟后食用，以防肚子胀气。

日本清酒

日本清酒又称纯米吟酿，酒精浓度平均在15%左右，可温饮、冰饮。日本清酒还可应用在料理中，如涂抹鱼身或用作高汤料、酱料，有助于除去鱼的腥臭味。

七味粉

七味粉即七味辣椒粉，又称七味唐辛子。各家厂商使用的材料不尽相同，味道也略有差异。微辣、香气重，可用于乌龙面、拉面、炸豆腐等的调味。

香菇

香菇可做昆布香菇佃煮、煮鸡肉或烤香菇串。日本也有香菇酱油，为菜品增添风味。选购时宜选当季采收、晒干，有自然香气的完整新鲜品。

瓶装莼菜

莼菜的茎、嫩叶富含胶质，可做汤、煮食，柔滑可口。可在较大的生鲜超市或购物商场里买到瓶装莼菜。

珍珠菇

珍珠菇常见于比较地道的日本料理中。可放在煮物或吸物汤汁中，富有滑顺的迷你菇口感，也很适合炒食、凉拌。

越光米

越光米来自日本新潟，弹润饱满，是制作寿司饭等米食的上品。未用完的寿司醋饭可放置在阴凉处，用干净的湿布、纱布或毛巾覆盖，保持湿度，不宜放进冰箱。

米醋

米醋酸味柔和，常用来制作寿司饭。有杀菌作用，夏天将米醋拌入米饭里，可防止米饭腐败。此外，也可将牛蒡、莲藕等容易氧化的蔬菜泡入醋水中，使其保持洁白。

日式淡口酱油

日本料理中最常见的酱油是浓口酱油和淡口酱油。浓口酱油可用作生鱼片等的蘸酱；淡口酱油通常用于高汤调味或烹饪锅物（日本料理火锅），分量容易控制，并让食物散发香气。

牛蒡

牛蒡营养丰富。由于含铁量高，去皮之后容易氧化变色，所以轻轻削去薄皮后，可放进冰水里保持鲜脆、防止变黑。另外可用牛蒡煮汤。

小葱

多吃小葱可摄取丰富维生素。煮的小葱容易味苦，因此日本料理中常以煎、炸、烤来激活小葱的香甜味。而在味噌汤里，葱花更是不可或缺的。

昆布

昆布与柴鱼是日本料理高汤的精髓。一锅清鲜甘甜的日式昆布柴鱼高汤，不仅能衬托食材的原味，也能调和料理的整体风味。宜用湿布稍擦拭表面的盐后，剪段使用。

料理用纯金箔粉

日本人制作高级料理时，喜欢以金箔粉装饰寿司或小钵。可食用的纯金箔粉含有矿物营养成分，并可养颜。日本人还会使用金箔酒。

味醂

味醂又称米霖，是由甜糯米加曲酿造而成的，属于料理酒的一种，所含的甘甜味及酒味，能有效去除食物的腥味，适用于高汤、照烧类料理等。

柴鱼片

柴鱼在日本称为“鲣节”，取材自鲭科鱼类如鲭鱼、鲣鱼、鲔鱼等，其中用鲣鱼制作出来的柴鱼最甘甜味美，是最为大众熟知的料理调味品。

日式面线

日式面线又称素面，是日本的一种细面，比中式面线稍微粗一点。本身没有咸味，但价格较贵，如果买不到新鲜成品，可买冷冻品来用。

黑芝麻

黑芝麻富含维生素E。用在日本料理中，是装饰凉拌小菜和制作和风酱料的材料，也可以搭配生鱼片、寿司、手卷和香松调味料使用。

海菜

海菜用来煮汤和作为火锅料，可使汤味道更鲜美可口。可适度浸泡冲洗后，和其他食材搭配烹煮，但注意勿浸泡过久，以防失去原有的甜味。

山葵

在日本家庭、日本料理餐厅里，哇沙米都是研磨生鲜山葵制成的，现磨现吃，辣味鲜香，可搭配生鱼片、握寿司、日式豆腐、荞麦凉面一起食用。

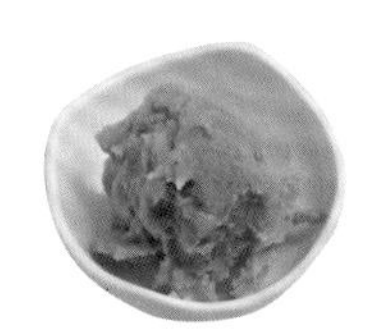

味噌

味噌是日本料理中最传统的食材，运用在不同料理中，常见料理有味噌汤、鲑鱼味噌锅，还可用味噌酱料来涂抹烧烤食物等。

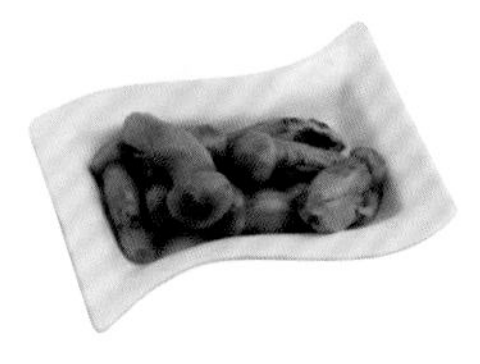

柳松菇

柳松菇又称柳松茸、松茸，是日本料理中经常用到的菇类。外形精致，吃起来滑溜带点脆感，很受欢迎。可直接烤柳松菇来吃，会散发浓郁香气。

鱼板

鱼板是日本料理的代表食物之一，可放入锅物、面食内。在日本各地都可品尝到新鲜好吃的鱼板，有图案的鱼板比纯白色的鱼板费工。

绿茶叶

日本人常喝的茶是绿茶，又称抹茶。绿茶叶可做茶泡饭，而绿茶粉能用来制作日式饮料或日式口味的甜点，口感清香。

白芝麻

日本人常会在料理完后，撒上少许白芝麻来增添香味，可制作白芝麻豆腐，撒在牛肉朴叶烧上，而烤熟的白芝麻更是金平牛蒡不可或缺的配料。

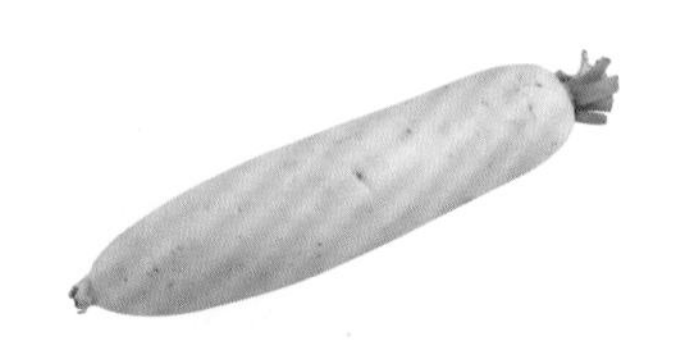

白萝卜

白萝卜可腌渍或切丝，搭配煮物或生鱼片等生鲜冷盘，有去腥、杀菌、提味的功效。注意，当切成细丝状后，应先泡在冰水里，才能保持鲜脆。

日式料理 常用工具

竹帘

卷寿司专用的竹帘，可在餐具用品店买到。方形、卷起来很柔软的竹帘，很适合铺上醋饭、配料后来卷寿司，注意一口气卷得滚圆并扎紧，才不会散掉。使用完毕应清洗干净、自然风干，以防发霉。

切生鱼片尖刀

切生鱼片尖刀是细长、锋利且具弹性的专业切刀，最适合处理生鱼片食材，尤其适合去骨、片肉等。坚韧且粗糙的鱼皮，须用小尖刀从背鳍刺入后切开；保鲜良好的鱼肉，则稍斜切就可轻松切出生鱼片。

手卷架

手卷架有三孔、五孔等造型。包卷的海苔是干干脆脆的，直接插入圆孔，方便取用。现做好的新鲜手卷宜尽快享用，以免变软、下垂而影响观感、口感。

有柄煮锅

有柄煮锅以不锈钢材质的为佳。可直接放到煤气炉、电磁炉上，适用于油炸食物、煮面、煮酱汁。手握处防烫，安全方便，导热迅速且均匀，节省烹调时间。

日式料理

常用酱料

混合醋

二杯醋

材料

醋2大匙、日式高汤2大匙、酱油4小匙、高鲜调味料少许

可用于贝类、竹荚鱼、针鱼、斑鰶等的预先调味或醋洗。

三杯醋

材料

醋2大匙、日式高汤2大匙、酱油2小匙、砂糖1大匙、盐1/2小匙

用于蔬菜、肉类等的料理中，使用范围很广泛。

酸橙醋酱油

材料

柳橙汁、酱油、煮沸的酒、味醂以15：15：5：3的比例混合，可加适量昆布高汤

用于制作火锅料理或薄生鱼片。也可用酸橘或柠檬汁等食材来制作。

甜醋

材料

醋4大匙、水4大匙、砂糖2大匙、盐少许

用于以芜菁或生姜为主的蔬菜中，口味清淡的鱼贝类也适合使用。

吉野醋

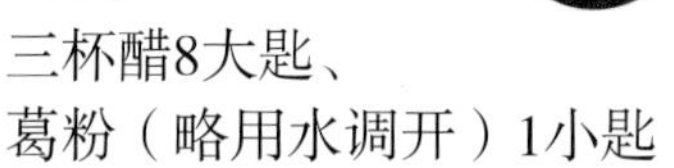

材料

三杯醋8大匙、葛粉（略用水调开）1小匙

三杯醋放进锅里煮，用葛粉勾芡使它成为稠糊状。

蛋黄醋

材料

醋1/2杯、鸡蛋黄2个、砂糖4大匙、盐1小匙

这是风味浓醇的混合醋，应用小火慢慢煮。

土佐醋

材料

醋2杯、日式高汤1/2杯、柴鱼片1小杯、盐1小匙

调味料加入高汤煮沸，加入柴鱼片，过滤后冷却。

萝卜泥醋

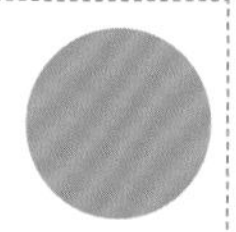

材料

萝卜泥2大匙、三杯醋2大匙

除了牡蛎、鱼类、鸡肉外，蔬菜中也可以使用。

芝麻醋

材料

白芝麻2杯、醋4大匙、砂糖3大匙、盐适量

与蔬菜、醋腌的鱼很相配。芝麻也可以只用一半。

Tips*

三杯醋的制作示范

材料

日式高汤2大匙、砂糖1大匙、醋2大匙、酱油2小匙、盐1/2小匙

做法

1.将日式高汤倒入容器内。

2.加砂糖。

3.加入其他材料一起混合均匀即可。

1

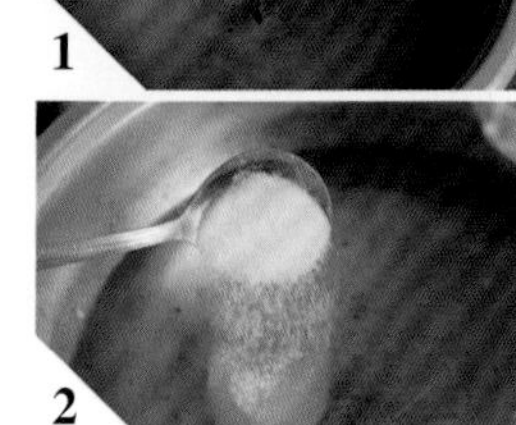

2

* “Tips”意为“提示”。

烧烤用调味酱

幽庵地调味酱

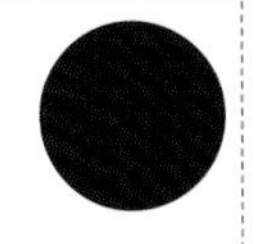

材料

淡口酱油、味醂、酒的比例为1：1：1

适于搭配肉类，是非常方便的调味酱。幽庵也有人写成祐庵。

柚庵地调味酱

材料

淡口酱油、味醂、酒的比例为1：1：1，香柚适量

在幽庵地调味酱的材料里加入香柚，就制作出了具有柚香的调味酱。

照烧调味酱

材料

浓口酱油、味醂同量，砂糖适量

将材料煮成浓稠状，就是具有醇味的调味酱。

混合味噌

白田乐味噌

材料

白味噌400克、
砂糖60克、鸡蛋黄2个、
酒60毫升、高汤160毫升

若加入香柚或山椒芽，味道会变得更香。

红田乐味噌

材料

红味噌200克、
白味噌200克、
砂糖200克、鸡蛋黄4个、
酒400毫升

也可以加入生姜或葱混合，并加入鸡肉或鱼肉拌匀。

白玉味噌

材料

西京味噌200克，
鸡蛋黄2～3个，
酒、味醂各适量

这是加入鸡蛋黄、具有醇味的味噌。应用小火慢慢地熬炼。

调拌酱

山椒芽味噌

材料

山椒芽、绿叶色素、
白玉味噌各适量

白玉味噌和拍打过的山椒芽，加上少量的绿叶色素研磨混合即成。

白醋

材料

豆腐适量，芝麻（磨碎）1½小匙，
砂糖2小匙，盐1/2小匙，
味醂、醋各适量

这是用白豆腐泥拌酱加醋做成的调拌酱，可用来调拌鱼贝类或蔬菜。

日式料理
高汤制作

柴鱼高汤

材料

水2000毫升、昆布1长条、柴鱼片1把（或1碗）

做法

1.在锅里加入水和昆布，用大火煮至快沸腾。
2.继续煮到水沸腾，熄火或转微火，即成昆布高汤。
3.待滚水稳定下来后，加入柴鱼片，开火继续煮，至沸腾后立刻转小火，仔细捞除浮沫，再熄火。
4.静置约5秒后过滤即可。

Tips

· 由于高汤会直接呈现出材料的原味，因此应使用品质良好的材料。
· 步骤2之后，可在昆布产生黏性前先取出昆布，再进行步骤3，并依照提示仔细捞除浮沫，就能做出风味十足的高汤。

柴鱼浓高汤

第一次高汤材料

水2000毫升、昆布1长条、柴鱼片1把（或1碗）

第二次高汤加料

姜片3片、柴鱼片1把、柠檬1个

做法

1.先制作柴鱼高汤。在锅里加入水和昆布，用大火煮至快沸腾时，先取出昆布。
2.继续煮到水沸腾，熄火或转微火。
3.待滚水稳定下来后，加入柴鱼片，开火煮沸后立刻转小火，仔细捞除浮沫，再熄火。
4.静置约5秒后过滤，即成第一次高汤。
5.继续制作第二次高汤。可在高汤内加入姜片，再加入柴鱼片，开火煮沸后立刻转小火。
6.仔细捞除浮沫，熄火。
7.如需再加重口味，可取滤过的高汤为底，再抓1把柴鱼片用纱布袋扎好，放入共煮，这样汤汁才不会混浊。
8.最后可取1个柠檬削去皮，切成柠檬片加进去煮，要确保柠檬不苦、汤汁纯净而口味清香。

Tips

· 所谓柴鱼浓高汤，是用第一次高汤加入加料后煮成的高汤，水的分量要比第一次高汤少，还添加了柴鱼片来补充美味，所以又称之为第二次高汤。用大火将美味引出来，捞除浮沫、过滤。用途为制作煮卤料理或汤料理，如味噌汤、牛肉寿喜烧等，用途很广。

鸡骨高汤

材料

鸡骨约600克、水3000毫升、昆布段10厘米

做法

1.把鸡骨用水洗净，放进热水中烫煮。
2.清洗一次后，和水、昆布一起煮。
3.沸腾前把昆布取出丢弃，将火转小，仔细捞除浮沫，以免有杂质而影响了汤汁的甘醇度。
4.继续熬煮40分钟，即可提取出新鲜的高汤。

蛤蜊高汤

材料

蛤蜊1大碗、水900～1000毫升

做法

1.蛤蜊泡水吐沙后，稍洗净，再加水煮沸，即成高汤。
2.仔细捞除浮沫，再熄火，静置约5秒后过滤。
3.将适量蛤蜊捞出，取适量汤汁，即可用来制作黄金蚬蒜子汤、茶碗蒸等食品。

丁香鱼高汤

材料

水900～1000毫升、丁香鱼（小鱼干）1碗

做法

1.锅里倒入水。
2.放入丁香鱼，煮沸后转小火再熬煮5～10分钟，即成高汤。
3.仔细捞除浮沫，再熄火，静置约5秒后过滤。
4.将适量丁香鱼捞出，取适量汤汁，即可依个人喜爱的口味，用来制作土瓶蒸等菜肴。

猪大骨高汤

材料

分量 1锅

猪大骨约600克、水3000毫升、柴鱼片30克

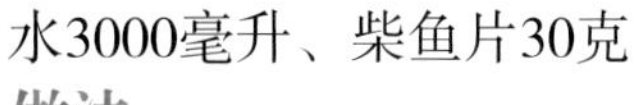

做法

1.猪大骨先用滚水氽烫，去血水，洗净。
2.加水，开大火煮开，捞除浮沫。
3.转成小火，加入柴鱼片熬煮90分钟，熄火。
4.过滤汤汁。

Tips

· 也可依个人喜好，添加昆布。

| 天妇罗酱汁 |

基本的天妇罗酱汁是用日式柴鱼高汤、味醂、淡口酱油以4：1：1或5：1：1的比例混合，再加柴鱼片做成的。诀窍是不可煮得过度，以免有股腥味。薄衣油炸使用综合酱汁，炸豆腐则使用炸衣（脆皮）酱汁。

用料比例

综合酱汁——味醂：淡口酱油：柴鱼高汤=1：1：5，再加适量柴鱼片
炸衣酱汁——味醂：淡口酱油：柴鱼高汤=1：1：4，再加适量柴鱼片

材料

柴鱼高汤（做法详见p.16）40毫升、味醂10毫升（可量1杯）、淡口酱油10毫升（可量1杯）、柴鱼片适量

做法

1.准备好柴鱼高汤。
2.取味醂，放入锅中。
3.加入淡口酱油。
4.再加柴鱼高汤，开火煮滚。加入柴鱼片继续煮，熄火，即成天妇罗酱汁。
5.食用时可加萝卜泥及葱花、七味粉。

Tips

- 制作天妇罗酱汁时，在材料准备上，柴鱼高汤、味醂、淡口酱油的分量比例是4：1：1。使用淡口酱油来制作天妇罗酱汁，不会过咸。
- 素盐是用盐和高纤调味料混合做成的美味盐，能衬托出油炸料理的鲜美滋味，吃起来不油腻又很爽口。盐要使用味道醇厚的天然粗盐，炒去水，这样盐比较容易附着在油炸食材上。在盐里也可以再加入黑芝麻或磨细的茶粉，依个人的喜好做成香盐。

寿喜烧汤底（煮汁）

材料

日本清酒1杯、砂糖3大匙、浓口酱油1杯、味醂1/2杯、老姜片3片、柴鱼浓高汤（做法见p.16，或用2把柴鱼片替代）5杯

做法

1.把日本清酒倒入锅中，加砂糖。
2.加入浓口酱油。
3.加入味醂。
4.加入老姜片。
5.第一次加入柴鱼片，第二次加入柴鱼片使汤汁变浓。也可直接加入柴鱼浓高汤。

Tips

· 一般不必加老姜，但加入老姜能使汤汁更地道、更辛香。

鲑鱼卵
军舰寿司

▶材料

鲑鱼卵50克、寿司饭1碗（200克）、海苔片1张（剪成约5厘米长的条）、小黄瓜1根

▶做法

1. 将小黄瓜洗净，去蒂，烫熟后切片，备用。
2. 海苔片稍烤一下，切成8小片。
3. 寿司饭握成小饭团状，用海苔片包卷。
4. 上面填上鲑鱼卵，用小黄瓜片装饰即可。

Tips

- 军舰寿司因外形像早期的军舰而得名。家庭食用可做成小型的，分量少，小孩子吃得完，也较讨人喜爱。
- 鲑鱼卵可买罐装的，在鱼市场可买得到。
- 海苔片稍烤一下，可避免迅速软化掉。

加州寿司卷

▶材料

海苔片1张、寿司饭1碗（200克）、红色虾卵少许、小黄瓜1根、蟹肉棒4根、烟熏鸡肉丝适量、鲔鱼酱少许、沙拉酱适量

▶做法

1. 竹帘铺底，再铺上海苔片。
2. 依序铺上寿司饭、红色虾卵后，再在虾卵上铺上保鲜膜。
3. 将整片反转，使保鲜膜置于底部（竹帘上）。
4. 再将其他材料依序铺在海苔片上。
5. 卷起，切段即可。

Tips

- 切寿司时，刀尖蘸醋水，往上举，让醋水沿着刀锋流下，这样切寿司时切口才会平整好看，又不粘饭粒。
- 沙拉酱可买零脂肪产品，吃起来更健康。
- 也可加紫苏叶、若芽（海带芽）、小黄瓜片装饰。
- 如果有时想换料、换口味，可视个人喜好改卷胡萝卜、芦笋、明虾、鳄梨、萝蔓生菜、沙拉酱、虾卵等。

明太子山药细面

▶材料

山药1段（约50克）、明太子1大匙、葱1段、紫生菜1片

▶做法

1. 将山药去皮后洗净，用菜刀切成细丝状，再用筷子卷成圆团状，备用。

2. 明太子去膜后，用汤匙刮取，备用。

3. 葱洗净，再将其中一端切成扫帚般的开花状。

4. 将以上食材放在盘内，加紫生菜装饰即可。

Tips

- 明太子就是鳕鱼的卵，用红辣椒粉调味，通常呈现粉红色至深红色，味道稍辣。因制作时被一层有弹性的薄膜包着，所以先去膜，再用汤匙刮取所需的分量。
- 山药的黏液富含糖、蛋白质，含有消化酶，可提高人体的消化功能；但遇高温酶的作用会丧失，因此建议生食，可减少营养成分的流失。

海景茶碗蒸

材料

香菇1朵、草虾2只、鸡蛋1个、柴鱼高汤（做法见p.16）150毫升、蛤蜊1只、银杏2粒

做法

1. 将香菇切去根，洗净备用。

2. 将草虾去头，用刀划开背部，去除黑色肠线后洗净备用。

3. 把鸡蛋打入碗中，搅匀成蛋液。将蛋液与高汤混合均匀后倒入杯中，放入蒸锅，但不要盖上锅盖，开大火蒸3～5分钟，蒸蛋表面的水蒸干即可熄火。

4. 蒸蛋表面放上备好的香菇、草虾、蛤蜊、银杏，盖上锅盖，继续用小火蒸15～20分钟。

Tips

· 蛋液与高汤要混合均匀，最好用细网筛过滤掉杂质，蒸出来的茶碗蒸口感才会绵密滑嫩。
· 取出食用前，可再淋上1大匙高汤，蒸2分钟，使蒸蛋表面呈现镜面效果。
· 制作蒸蛋的材料要特别讲究，才能吃出绵柔口感。

明虾酒蒸

▶材料

胡萝卜（小）1/2根、明虾1只、西蓝花1小块、昆布1片、豆腐1块、珍珠菇1把、鱼板1片、姜片1片、酒汁（日本清酒30毫升、味醂5毫升）35毫升、盐少许

▶做法

1. 将胡萝卜洗净后切片，可稍微切成花片状，备用。
2. 将明虾去头，用刀划开背部，去除黑色肠线后洗净备用。
3. 汆烫西蓝花，备用。
4. 将昆布垫入碗底，再放入豆腐、明虾、珍珠菇、鱼板、姜片、酒汁及盐。
5. 移入蒸笼，盖上盖子，开大火蒸5分钟后，盛盘。
6. 最后放上西蓝花、胡萝卜花片即可。

Tips

- 明虾虾身是直的，条纹一粗一细，肉质肥美弹滑，比草虾、斑节虾要高档，可在海鲜市场里买到。
- 酒汁以日本清酒为底，比较清香。

圆鳕盐烧

材料

圆鳕600克、海盐少许、番茄1/6个

做法

1. 将圆鳕洗净，撒上少许海盐。
2. 放入预热到170℃的烤箱中，约烤15分钟后，即可取出。
3. 加番茄装饰后食用。

Tips

· 宜选用颗粒较细的海盐，免得在烤箱里溶化得不均匀，食用时还有颗粒感，影响口感。
· 这是一道做法最简单的家常料理，好烹调；而比油鱼高级的圆鳕，味道也会显得清爽甜润。
· 如喜欢重口味，要再加点调味料，可涂抹少许清酒、味醂后再放进去烤。

蔬菜天妇罗

▶材料

芦笋2根、海苔片3小片、茄子（小）1/2个、鲜香菇2朵、甘薯2片、芋头2片、红椒1/4个、黄椒1/4个、青椒1/4个、金针菇1小把、鸡蛋黄1个、冷水适量、低筋面粉35克、色拉油适量

▶蘸料

萝卜泥少许、天妇罗酱汁（做法见p.18）适量

▶做法

1. 将芦笋氽烫后切段，用海苔片包卷成圆柱形，备用。
2. 将茄子去两端后切段，对切后稍微切成扇形，泡水备用，预防变色。
3. 香菇去除根部。甘薯、芋头削去皮，切片。红椒、黄椒与青椒洗净后切成片状，备用。
4. 在鸡蛋黄中加入同量冷水拌匀，再加入面粉，迅速搅拌成天妇罗面衣。
5. 红椒、黄椒、青椒、色拉油、蘸料除外，把其他材料各自蘸上面衣后，放入180℃的高温油锅内迅速炸酥。
6. 待材料炸成金黄色后捞起，滤干油，即可盛盘。装饰上红椒、黄椒、青椒，趁热食用。
7. 将天妇罗酱汁加入萝卜泥中，以供天妇罗蘸食用。

2

2

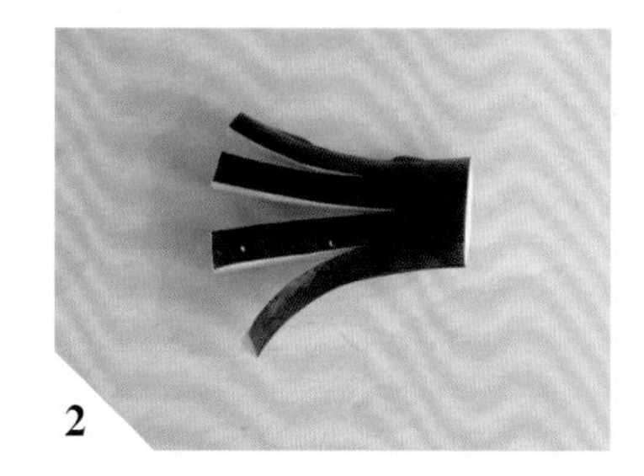
2

3

Tips

- 在步骤4中，鸡蛋黄中加入冷水，可使面衣不至于太浓稠厚重，这样才能吃到蔬菜的甘甜鲜美。
- 日式面衣大多如同步骤4的天妇罗面衣，面衣里可另加入少许色拉油，作用是增加炸物的酥脆度。
- 日式的炸物，建议用180℃的高温油迅速炸好。应将少量材料慢慢地放进大量的油里去炸，要诀是保持一定的油温，就能炸出香酥可口又品质稳定的成品。

酥炸猪排

材料

卷心菜40克、猪里脊肉150克、胡椒盐少许、鸡蛋2个、低筋面粉20克、面包糠40克、色拉油适量

做法

1. 将卷心菜洗净，切丝，先泡在冰水内，10分钟后捞起，沥干，备用。

2. 将猪里脊肉切片，使用刀背或肉锤锤打猪里脊肉片，使猪肉的纤维变松软。

3. 在猪里脊肉上撒上胡椒盐，放置5分钟入味。

4. 将鸡蛋打匀成蛋液，备用。

5. 把猪里脊肉片依序蘸满低筋面粉、蛋液、面包糠后，放入180℃的油中炸。待炸成金黄色后，捞起沥油。

6. 把卷心菜丝盛盘或垫底，再放上炸猪排即可。

2

5

5

5

Tips

· 日式炸猪排讲究的是酥脆的口感，因此依照步骤操作非常重要。
· 如果自制面包糠，可揉碎干吐司制作，粗细、口感及风味与普通面包糠都不同，口味更鲜香。

香蒜煎 北海道鲜干贝

▶材料

芦笋8段、大蒜6瓣、橄榄油适量、北海道鲜干贝2个、胡椒盐少许、番茄1/2个

▶做法

1. 切取芦笋尖的一端，洗净，氽烫过，备用。

2. 大蒜去皮，稍用刀背压成片状或切成片状，备用。

3. 烧热平底锅，加入橄榄油，爆香蒜片。

4. 开中火将鲜干贝煎至两面呈金黄色、大约七成熟。加入胡椒盐调味，继续煎至九成熟，盛盘。

5. 洗净番茄，切片，连同备好的芦笋摆盘装饰即可。

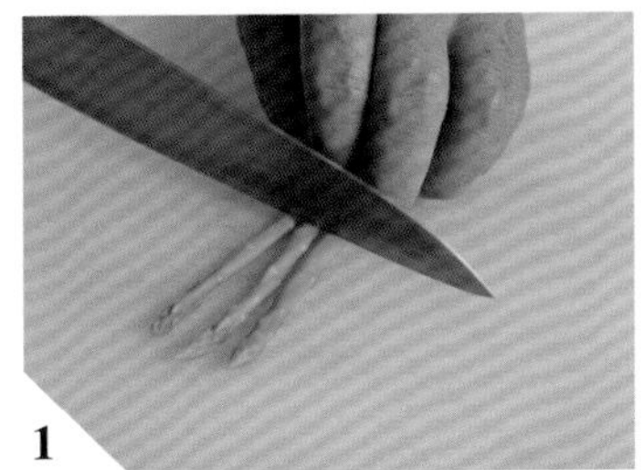

1

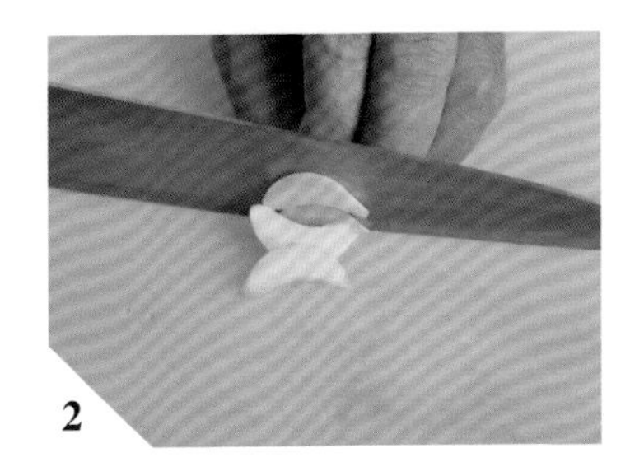

2

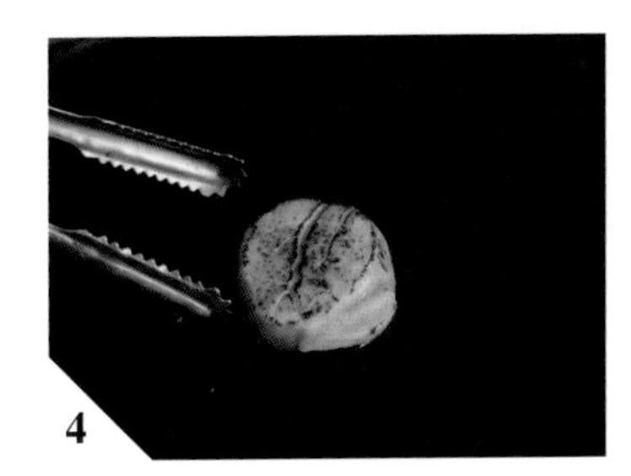

4

5

Tips

- 可滴点橄榄油在盘上当作装饰；喜欢奶油的人，也可用熔化的奶油点缀或佐餐。
- 也可用少许海盐代替胡椒盐，滋味清爽。
- 在鱼市场、大型菜市场可买到新鲜的干贝，即可用来香煎。如果在生鲜超市购买冷冻的干贝，烹调前应先解冻或放在室温下回温至软。煎到快熟的时候，可用细竹签试试中心部位是否可以穿透，如可以，随即起锅，以免口感变老。

照烧
猪肋排

▶材料

猪肋排100克、腌肉酱3大匙（淡口酱油1大匙、味醂1大匙、酒1大匙）、照烧酱少许、白芝麻少许

▶做法

1. **制作腌肉酱：**把淡口酱油、味醂、酒调匀即可，备用（更多介绍详见p.15幽庵地调味酱）。

2. 猪肋排蘸腌肉酱，放置30分钟入味。

3. 将猪肋排放入预热至170℃的烤箱中。烤至八成熟后，先在猪肋排两面涂上照烧酱，须反复涂多次，使其入味并上色。

4. 猪肋排再烤约10分钟后取出，盛盘，撒上白芝麻，趁热食用。

Tips

· 制作腌肉酱的酒可使用清酒或米酒。腌肉酱不仅用于猪肉等肉类的烹调，也适用于秋刀鱼等鱼类及贝类的去腥提味，是非常方便的居家调味酱。

珍珠菇 红味噌汤

材料

嫩豆腐1盒（约150克）、珍珠菇30克、柴鱼高汤（做法详见p.16）5杯、红味噌40克、清水适量、味醂少许、葱花少许

做法

1. 将嫩豆腐切成小块，珍珠菇洗净，备用。
2. 将柴鱼高汤与嫩豆腐、珍珠菇一同入锅煮熟。
3. 红味噌先用清水化开、化匀后，再倒入步骤2的汤内，一同烹煮。
4. 盛入碗中，加味醂。
5. 最后撒上葱花点缀即可。

Tips

- 在日本料理食谱中，常会看到名词“赤出汁”或“赤出吸”，汁、吸就是汤的意思，赤出汁或赤出吸意即红色的汤汁。这里是很受欢迎的红味噌汤，除了单喝外，汤底也适合煮鱼头、蛤蜊等海鲜。
- 可加入若芽（海带芽）、蛤蜊同煮，让配料更丰富。
- 红味噌如已够味，可不必再加味醂；红味噌也可烤热再加，味道更香。

土瓶蒸

材料

虾2只、蘑菇10克、柳松菇10克、银杏10克、蛤蜊4只、鱼板20克、鸡肉100克、鸡高汤或鸡骨高汤（做法详见p.17）2杯、柠檬片1片

做法

1. 将虾剥去壳，只取虾肉，洗净备用。
2. 将蘑菇、柳松菇洗净，切厚片。银杏洗净，备用。
3. 蛤蜊泡水吐沙至干净，稍加冲洗。将以上所有材料过热水后备用。
4. 鸡肉汆烫，备用。
5. 把以上所有材料连同鱼板放入土瓶中，加入高汤，至九成满。
6. 入蒸锅，开大火蒸15分钟，即可取出。

7. 享用时，可挤点柠檬汁至土瓶内。

Tips

- 这是一道极具日式风味的迷你汤品，食材可依个人喜好稍加变化或调整分量，比如可加入胡萝卜或鲷鱼片。
- 土瓶在餐具批发店内可买到，瓶盖翻过来就是个盛汤的小圆杯，可喝汤吃料。
- 鸡骨高汤或鸡高汤也可在超市里买到现成的罐装品，少量使用的话比较方便。

牛丼

材料

洋葱1个、色拉油少许、水适量、米酒少许、酱油少许、味醂少许、糖少许、牛肉片150克、白米饭150克、鸡蛋黄1个、葱花少许、海苔碎少许

做法

1. 将洋葱去外皮，切掉顶和底，洗净，切丝。
2. 把切好的洋葱丝放入热油锅内爆香，再加水及米酒、酱油、味醂、糖，约煮3分钟。
3. 放入牛肉片，在锅内一起烹煮。牛肉片可稍扯成小片状，但不要煮得过久、过老。
4. 将白米饭盛碗，接着放入煮好的洋葱、牛肉。
5. 最后在上面打一个生鸡蛋黄，盖好碗盖，使它稍闷热。

6. 食用时，撒上葱花、海苔碎点缀。

Tips

- 步骤2中，如余油过多，可以倒去一部分，只留适量即可，以免整道料理过于油腻。
- 如不想吃较生的蛋黄，也可在步骤3把蛋黄打入，半熟即起锅，铺到白米饭上。
- 制作牛丼时，可使用适量柴鱼高汤，加入调味料，当成佐餐的汤品；也可把取蛋黄之后所剩的蛋白加入热高汤里食用，以免浪费。
- 秋天时，可将柳松菇加在饭上，具有时令气息。

牛肉寿喜烧

▶材料

牛蒡50克、胡萝卜1块、草菇20克、鲜香菇2朵、山茼蒿150克、山东大白菜600克、洋葱1/2个、葱1根、鱼板6片、冬粉1把、牛肉片40克

▶汤底500 毫升

柴鱼浓高汤（做法详见p.16）5杯、日本清酒1杯、味醂1/2杯、浓口酱油1杯、砂糖3大匙

▶做法

1. 将牛蒡去皮后切丝，泡入冰水内以防氧化变黑，备用。
2. 将胡萝卜削去皮后刨丝或切丝，备用。
3. 将草菇、鲜香菇、山东大白菜洗净，备用。
4. 将山茼蒿洗净，备用。
5. 洋葱去外皮，切掉顶和底，切丝，备用。
6. 葱洗净，切段，备用。
7. 制作寿喜烧汤底（做法详见p.19）时，把汤底的材料一同煮开即成。
8. 加入备好的材料、鱼板和冬粉一起煮开。
9. 趁热加入牛肉片，煮熟后即可趁其软嫩时食用。

Tips

- 这些材料不需久煮，只要煮熟就可食用，但应注意稍加搅动底部，以免粘锅。
- 在日本，寿喜烧都是搭配鸡蛋黄一起食用的，如个人不喜欢，也可不加。

海鲜乳酪锅

▶材料

蛤蜊4只、草虾2只、孔雀蛤2只、乌贼80克、大白菜100克、金针菇1小把、葱1根、豆腐1块、鲷鱼肉150克、乳酪高汤900～1000毫升（乳酪、鲜奶约以1：1的比例，各500克煮成）

▶做法

1. 将蛤蜊泡水，吐沙后洗净，备用。
2. 用刀划开草虾背部，去肠线，洗净，备用。
3. 把孔雀蛤洗净。
4. 把乌贼切片，洗净。
5. 把大白菜、金针菇洗净。
6. 将葱洗净，切段。
7. 将所有材料一一放入锅中后，同煮至滚，即可食用。

8. 可加鱼板，更凸显日式风味。

Tips

- 除了使用日本北海道乳酪、用来制作乳酪（起司）锅的牛奶硬质乳酪，还可选购法国爱曼塔乳酪（Emmental），切成薄片或刨磨成粉屑状，直接煮熔；也可和葛瑞耶乳酪（Gruyere）混合后使用，风味十足。此外，调味高达乳酪（Spice Gouda）为半硬质乳酪，因加工时加入了丁香、小茴香等天然香料，整个乳酪除了奶香以外，还混合着香草植物的芳香，散发出迷人的风味。
- 如要增加饱足感，建议和马铃薯一起食用，风味甚佳，洋溢着跨国界的美食风。

日式
荞麦凉面

▶材料

荞麦面150克、海苔丝少许、柴鱼高汤（做法详见p.16）75毫升、味醂12毫升、淡口酱油25毫升、葱花少许、七味粉少许

▶做法

1. 将荞麦面放入水中煮熟。
2. 立即捞出，放入冰水内冰镇3分钟后，捞起盛盘。
3. 用海苔丝点缀。
4. 将柴鱼高汤、味醂、淡口酱油搅拌均匀后，即成为凉面酱汁，可淋用或蘸食。再搭配上葱花与七味粉品尝。

Tips

- 荞麦面煮熟后放入冰水里，可以保持它的弹性和脆感，不致过于软烂。
- 荞麦面是用荞麦面粉和水和成面团，压平后切制的细面条，煮熟后食用，自古由中国山西传到日本，延续至今，成为日本人喜爱的大众面食之一。在日本，荞麦的主要产地为长野县的信州一带，但产量不足，也自中国进口。

日式炒乌龙面

材料

乌龙面150克、鸡肉20克、葱1根（10克）、洋葱1/2个、鲜香菇1朵、白菜100克、鱼板2片、柴鱼高汤（做法详见p.16）30毫升、淡口酱油少许、乌醋少许、胡椒粉少许

做法

1. 将乌龙面煮熟，放入冰水内保持鲜脆感和弹性，捞出备用。
2. 将鸡肉煮熟，但勿煮过久以防变老，撕成丝状，备用。
3. 将葱洗净，切段。
4. 将洋葱去外皮，切掉顶和底，鲜香菇、白菜洗净，均切丝，备用。
5. 将鱼板切丝，备用。
6. 将切好的洋葱丝、香菇丝、白菜丝、鱼板丝，与葱段、鸡肉丝一同拌炒。
7. 加入高汤及冰镇过的乌龙面后，继续烹煮至收汁。加入淡口酱油、乌醋、胡椒粉调味，即可食用。

Tips

- 乌龙面也可以用冷水泡软后再热炒，口感弹滑。
- 在日本，家常的炒乌龙面其实很容易做，而且可以依个人喜好变化口味。除了这道鸡肉炒乌龙面以外，猪肉炒乌龙面、牛肉炒乌龙面、明太子炒乌龙面、海鲜炒乌龙面都很好吃，最后还可以撒点柴鱼片，日式风味十足。

Chapter

韩式料理

精选海鲜、肉类、蔬菜，巧妙搭配韩式料理中最重要的辣椒酱和豆酱，你也可以跟韩剧主角一样，做出辣炒年糕、石锅拌饭、海鲜葱饼、人参鸡汤等韩式美味！

料理专家简介 Profile

程安琪

大学毕业后即跟随母亲傅培梅学习烹饪，至今已有30年烹饪教学经验。主持电视烹饪教学节目多年，曾主持台视《傅培梅时间》《美食大师》、新加坡电视《名家厨房》等烹饪节目。现在也经常受邀在各美食节目中示范演出，亲切认真的教学、仔细的解说，受到许多观众喜爱。

著有《外佣学做家常菜》《快炒·热炒·辣炒 火热上桌》《方便酱料轻松煮》《请客》《健康好简单》《动手做腌菜》《醋料理》《超人气中式轻食》《变餐》《卤一卤变一变》《家家锅中有只鸡》等40多本食谱书。

李香芳

韩剧《大长今》烹饪顾问

1976年	开设传统料理店
1980年	韩国庆熙大学烹饪教授
1984～2003年	韩国广播公司、韩国文化广播公司、首尔广播公司美食教学
1987年	李香芳料理学院开设
1993年	中国上海料理学校名誉校长
1994年	韩国延世大学外食产业修业2期 韩国延世大学外食产业会长
1995年	韩国汉城大学外食产业修业2期 韩国汉城大学外食产业副会长
2000年	韩中交流协会特别会员
2002～2004年	在韩国教育广播电视台《最高的料理秘诀》中烹饪演出
2002年	在韩国Food Channel（美食频道）*Cooking China*（《中国烹饪》）中演出
2002～2004年	韩国不倒翁公司料理比赛裁判
2003年	茉莉花连锁餐厅设立
2003年	韩国世宗大学中国烹饪课程设立
2003年8月	中国上海锦江集团料理顾问
2003年9月	李香芳中国茉莉花餐厅开业

黑豆

黑豆是韩国家常小菜中的常见食材，具有咸甜滋味，既开胃又下饭。黑豆可以稳定消化功能、畅通气血，韩国人在炎热的夏天常吃黑豆以缓解疲劳感。

鱿鱼丝

鱿鱼丝可当成零食或做成小菜。三面环海的韩国海产品丰富，东海岸和南海岸各渔港更有捕鱿船。釜山鱿鱼颇为知名。烤鱿鱼和鱿鱼丝也就成了韩国各地的常见小吃。

韩国粉丝

韩国粉丝多用甘薯粉做成，吃起来滑口软弹，煮到软且呈透明状时即可沥干使用。通常用来做成什锦炒粉丝，这是韩国人在宴客或庆生等日子会做的节庆料理。

韩式辣酱

韩式辣酱是制作韩国料理时最重要的调味料之一。吃起来有麻麻的辣味和甜味，搭配海鲜或蔬菜都能准确传达出食材的鲜味。

豆酱

豆酱是韩国家庭常用的酱料，与日本的味噌有异曲同工之妙。只用黄豆、盐和水发酵制成，经过风吹日晒变得更美味。质地浓稠，使用前要先调开。

韩国凉面条

韩国凉面条通常是用荞麦面粉制成的，会被拿来制成韩国传统美食之一的韩式冷面。煮熟后立即用冷水冲洗，可使口感更顺滑。

虾干

在韩国市场常见的虾干，蛋白质与矿物质含量丰富。做料理时有提味功能，当甜食、下酒菜都很合适。也可以用樱花虾替代。

韩式泡菜

韩式泡菜香辣清脆，开胃又下饭，热量低且含各种维生素。通常以大白菜作为主食材腌制，搭配海鲜、肉类或入菜都很美味。

鱼子

韩国的鱼子和日本的明太子一样，是用鱼卵制作的，辣辣的，兼具营养和口感，入菜、煮汤都很合适。韩国市场上也有腌渍好的鱼子，可拿来煮火锅。

干海带

干海带的种类很多，薄的海带片软而不烂。海带中的铁有辅助造血和催奶功效，因此产后的妈妈们会多喝海带汤，韩国人在生日时也会喝海带汤感念母亲。

泡菜炒饭

▶材料

韩式泡菜1碗、油2大匙、白米饭2碗、盐少许、糖少许、麻油少许、熟白芝麻适量、海苔丝适量

▶做法

1. 视个人习惯，将泡菜切成小块或条状。
2. 起油锅，先将泡菜下锅炒1～2分钟，炒出香气，再加入白米饭拌炒均匀。加入盐、糖调味，快炒好时再加入麻油炒匀，关火。
3. 盛盘后，撒上适量熟白芝麻和海苔丝。

Tips

· 韩式泡菜香辣清脆，开胃又下饭，可搭配牛肉、猪肉、鸡肉，烹煮各种料理都很棒！

甜辣年糕

▶材料

白年糕400克、洋葱1/2个、卷心菜叶2片、大葱1/2根、番茄酱1/2杯、辣椒酱3大匙、酱油1大匙、糖2大匙、麦芽糖3大匙、油1大匙

▶做法

1. 若准备的是新鲜、软嫩的年糕，可直接切片；若是硬的年糕，用温水泡一下或用滚水烫一下，使它回软。
2. 将洋葱和卷心菜叶都切成长5厘米、宽1厘米的条状。大葱斜切成片。
3. 将番茄酱、辣椒酱、酱油、糖、麦芽糖调和均匀成酱汁，备用。
4. 锅中烧热油，把洋葱、卷心菜叶和大葱倒入快炒一下。再放入酱汁和年糕，用中火炒至年糕微软即可关火，盛盘上桌。

Tips

· 在韩国，有一道很常见的小吃Toppogi，我们称它为辣炒年糕，是用韩式辣椒酱煮或炒的棒状年糕，做法简单又好吃。

营养石锅饭

▶材料

白米1½杯、紫米1½大匙、马铃薯60克、甘薯60克、栗子3个、鲜香菇2朵、鸿喜菇50克、鲜人参1根、红枣2枚、银杏10粒、水2杯

▶拌饭料

蒜末1/2大匙、葱末1/2大匙、白芝麻2大匙、辣椒粉1大匙、麻油2大匙

▶做法

1. 将白米和紫米一起洗净后，泡水30分钟，沥干。
2. 将马铃薯和甘薯去皮，切块。栗子削皮，切成两半。鲜香菇洗净，切成3等份。鸿喜菇洗净，略分开。鲜人参洗净，切成丝。
3. 将拌饭料的材料拌匀，备用。
4. 从家中现有的器具中，尽可能找出石锅或砂锅后，放入备好的米和各种材料（拌饭料除外），先用大火煮开，再改用小火焖煮20分钟。
5. 打开锅盖，淋上拌饭料，拌匀即可。

Tips

・拌饭曾是韩国的宫廷菜，蕴含着“五行、五脏、五色”的原理。大家可衡量自己的健康状况和口味，为自己做一锅最具营养的石锅饭。

海鲜葱饼

▶材料

鲜鱿鱼1/2只、虾100克、蛤蜊肉100克、洋葱1/2个、小葱1/2根、面粉2杯、盐1大匙、鸡蛋1个、水1杯、油适量

▶蘸酱

辣椒酱1大匙、酱油2大匙、醋2大匙

▶做法

1. 将鲜鱿鱼切条，虾切丁，蛤蜊肉洗好，洋葱切条，小葱切条，备用。
2. 在大碗里放入面粉、盐、鸡蛋、水，与鲜鱿鱼、虾、蛤蜊肉、洋葱搅拌好，备用。
3. 煎锅里加入油，放入搅拌好的材料，上面放上小葱，两面煎黄即可。
4. 将蘸酱的材料混合，煎好的海鲜葱饼即可搭配自制蘸酱食用了。

Tips

· 韩国也有以葱为主角的煎饼，可自由放上鲜鱿鱼、蛤蜊肉，或铺上虾等海鲜，加鸡蛋、面浆和葱段烹制，葱的香气漫溢四方。这是一款相当普遍、好做的家庭美食。

韩式冷面

▶材料

白萝卜100克、糖醋汁适量、牛肉200克、水适量、盐少许、糖少许、酱油1小匙、醋少许、韩国凉面条100克、水梨片4片、黄瓜丝2大匙、煮鸡蛋1个、芥末酱1大匙

▶做法

1. 把白萝卜切成长8厘米、宽2厘米的片状后，用少许盐抓拌。约20分钟后把水挤干，泡入糖醋汁中约2小时，制成糖醋白萝卜，备用。

2. 先将牛肉整块泡入冷水中，漂洗掉血水；再放入冷水锅中，用大火煮滚后改小火煮到熟，捞出牛肉，放凉后切薄片。牛肉汤则用盐、糖、酱油和醋调味（微微带酸即可），汤放冷后放入冰箱，冷透备用（放入冷冻室中结成碎冰状更佳）。

3. 将韩国凉面条放入滚水中，煮滚后点入冷水，点两次，待面条熟后捞出，搓洗去黏液，沥干，放入碗中。

4. 在面条上排上水梨片、黄瓜丝、糖醋白萝卜、半个煮鸡蛋和牛肉片，加入步骤2的冷牛肉高汤后，即可和芥末酱、醋一起上桌，依个人喜好调制辣度及酸度。

- 本配方的材料是2人份的。
- 韩式冷面又称长寿面，常见的是用荞麦面条烹制的，不但有汤，在韩国的餐厅里还会放入碎冰块，口味独特。

石锅拌饭

▶材料

白米饭1碗、牛肉丝100克、白萝卜丝100克、黄豆芽150克、香菇100克、胡萝卜50克、笋1根、黄瓜1根、鸡蛋黄1个、麻油适量、盐适量

▶牛肉丝调味料

酱油1大匙，酒1大匙，糖1小匙，麻油、蒜泥、胡椒粉各少许

▶白萝卜丝调味料

辣椒粉1小匙、糖1小匙、芝麻少许、醋1/2大匙、盐1/3小匙、蒜末少许

▶辣椒酱调味料

辣椒酱2大匙、糖1/2大匙、梨汁2大匙、麻油少许、蒜末1大匙、芝麻少许

▶做法

1. 将牛肉丝与调味料拌匀，腌20分钟，备用。
2. 将白萝卜丝与调味料拌匀，腌30分钟，备用。
3. 牛肉丝腌好后，在平底锅中炒熟，备用。
4. 将黄豆芽用热水稍微烫一下后捞起，用冷水冲凉后沥干，加麻油和盐，搅拌均匀，备用。
5. 将香菇泡软、切丝，加盐炒熟，备用。
6. 将胡萝卜、笋切丝，分别加盐炒熟，备用。
7. 将黄瓜切薄片，加少许盐拌匀，腌10分钟，把水挤干。
8. 将辣椒酱调味料的材料拌匀。
9. 准备石锅，锅底涂抹少许麻油，放好米饭，将步骤2～7的成品排好，加热后在中间放1个鸡蛋黄，搭配辣椒酱调味料即可食用。

・石锅拌饭是韩国传统米食的代表之一，烹制时可依个人喜好放入各种小菜、鸡蛋和肉片。

牡蛎煎

▶材料

牡蛎200克、盐少许、面粉1/2杯、咖喱粉1/2小匙、鸡蛋2个、油适量、胡椒盐适量

▶做法

1. 挑选硕大肥美的牡蛎，放入碗中，加少许盐，用筷子轻轻搅动，使牡蛎黏液和碎壳脱落，再放在漏勺中清洗，将碎壳冲走，沥干。

2. 把面粉和咖喱粉混合、过筛。鸡蛋打散、过筛。

3. 将牡蛎蘸上粉料，再蘸上蛋液，用油煎熟两面，夹出，装盘，附胡椒盐上桌。

Tips

- 韩国的牡蛎很大，做这道菜要挑选大一点的牡蛎来做，小的则可以将3～4只用竹签穿在一起煎。
- 韩国的庆尚南道海域海水洁净，海鲜资源丰富，牡蛎生产量更是居韩国第一，让韩国人不愁没有鲜美丰硕的牡蛎可吃。

泡菜炒猪肉

▶材料

豆腐1块、猪五花肉200克、泡菜300克、洋葱1/2个、大葱1段、小青辣椒2个、油1大匙、盐和辣椒粉少许

▶腌肉调味料

辣椒酱2大匙、辣椒粉1小匙、酱油1大匙、蒜末1大匙、葱末2大匙、白芝麻1小匙、胡椒粉少许、麻油1小匙

▶做法

1. 将豆腐切成0.5厘米厚的片，用热水汆烫10秒，捞出、沥干，排在盘子里。

2. 猪五花肉切成0.3厘米厚的片状后，将腌肉调味料拌匀，肉片放入腌30分钟。

3. 将泡菜切宽条。洋葱、大葱和小青辣椒都斜切成片。

4. 锅中烧热油，先放入泡菜炒一下。加入洋葱、大葱和小青辣椒，炒几下后再加入肉片炒熟。尝一下味道，再加入盐和辣椒粉调味，盛入盘中。

5. 食用时请尝试将泡菜炒猪肉放在豆腐片上一起吃。

鱿鱼塞糯米饭

▶材料

鲜鱿鱼1只、糯米1/2杯、西葫芦1/2个、胡萝卜30克、洋葱40克、盐少许、麻油少许、白芝麻少许、面粉2大匙、蒜末1小匙

▶做法

1. 鲜鱿鱼保持筒状，去除皮和内脏，洗净；另把鱿鱼触角烫一下、切碎。

2. 将糯米洗净、泡水，泡2小时后沥干，拌上少许盐，蒸熟。

3. 将西葫芦、胡萝卜、洋葱剁碎后拌入蒸好的糯米饭和烫好的鱿鱼触角，并加入盐、麻油、白芝麻、蒜末，搅拌均匀。

4. 鲜鱿鱼擦干，将面粉撒入鱿鱼中，再倒出多余的面粉。

5. 把拌好的糯米饭塞入鱿鱼中，开口处用竹签封住。

6. 将鱿鱼放入蒸锅中蒸10分钟即可。取出并切成约1厘米宽的段，盛盘上桌。

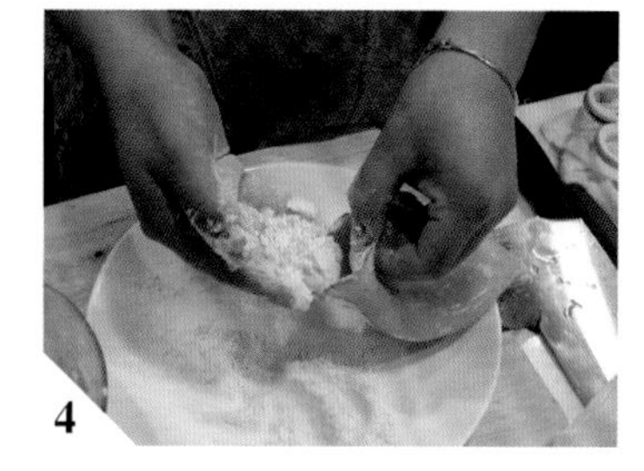

· 韩国为全球前三大主要鱿鱼生产国之一，鱿鱼也因此成了韩国人最熟悉且喜爱的食材之一。

辣炒章鱼

▶材料

章鱼1只、黄豆芽300克、小青辣椒3个、红辣椒2个、大葱1/2根、水芹菜6~7根、洋葱1个、油4大匙、小青辣椒4个（剁碎）、辣椒酱1大匙、辣椒粉5大匙、蒜末2大匙、姜末2小匙、酒1大匙、盐1/2小匙、糖2大匙、胡椒粉适量、水2大匙、太白粉水1大匙、白芝麻1大匙、麻油1大匙

▶做法

1. 先把章鱼用盐（分量外）抓拌约2分钟，去除黏液。待抓出泡沫后，用水冲洗，记得要沥干。
2. 用剪刀剪开章鱼头部，再将腕足也剪下，均切成7~8厘米长的段。
3. 黄豆芽择好。小青辣椒、红辣椒去籽、切斜片。大葱也切斜片。水芹菜去叶取茎，切成5厘米长的段。洋葱切粗丝。
4. 锅中烧热4大匙油，放入剁碎的小青辣椒、辣椒酱、辣椒粉、蒜末、姜末、酒，小火炒香，再加盐、糖、胡椒粉调味。
5. 煮滚一锅水，将黄豆芽放入烫煮，煮滚时放入备好的章鱼，再滚即捞出。
6. 用少许油（分量外）炒洋葱、小青辣椒、红辣椒、大葱，加少许盐（分量外）调味。加入步骤4炒好的调味料后，放入章鱼、黄豆芽炒匀。加入2大匙水煮滚，放入水芹菜，转小火，倒入太白粉水勾芡，拌匀，加入白芝麻及麻油即可。

Tips

- 若想图方便，也可以用鱿鱼代替章鱼。鱿鱼不似章鱼有黏液，洗净即可，口感有异曲同工之妙。
- 辣炒章鱼加上烧酒，是韩国人最喜爱的传统小吃之一。尤其章鱼入口脆脆的，搭配上红辣酱汁，是相当经典的韩国风味菜。

韩式烤肉

▶材料

牛肉片500克、泡好的香菇100克、洋葱1/2个、大葱1/2根、酱油1/2杯、蒜末1½大匙、姜汁1小匙、胡椒粉1小匙、糖2大匙、麻油1大匙、白芝麻1大匙

▶做法

1. 先把牛肉片放在网筛内，沥去血水。香菇和洋葱切成宽条。大葱切斜片。

2. 其余的调味料都放进碗中调匀。

3. 再将刚才处理过的牛肉片、香菇、洋葱和大葱与调味料抓拌均匀，腌10分钟使其入味。

4. 取一个大一点的平底锅加热，放入调好味道的牛肉片和蔬菜，大火炒熟，盛出。

2

2

3

4

Tips

· 下锅炒时，锅中不放油，最好分次、少量来炒，以免火力不够大，牛肉出水，就炒不香了。
· 最好选择大一点的锅，比较容易翻炒，否则牛肉会粘在一起，炒不散。
· 在韩国烤肉专卖店，一般店家多将腌好的肉片放在特制的铜锅上烤。但一般人在家DIY时没有铜锅，不妨以翻炒代替火烤，同样别具风味。

烤
牛小排

▶材料

牛小排600克

▶腌料

酱油4大匙、梨汁1/3杯、洋葱汁1/3杯、糖3大匙、胡椒粉1小匙、盐适量、麻油少许、糖浆1大匙、酒2大匙、蒜泥2大匙、葱丝少许

▶做法

1. 将牛小排片成片，用刀背敲上斜刀痕。

2. 腌料的材料混合好之后放入牛肉，腌10小时以上。

3. 将牛肉放在烤肉架上烤熟即可。一般人家中未备有烤肉架，也可以煎。

Tips

・无论带骨或去骨的牛小排肉质都较结实，油花分布适中，多汁耐嚼，烤的最好吃。

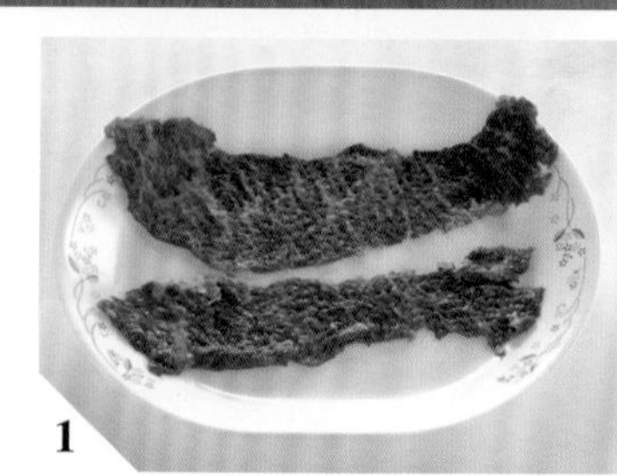

1

蜜黑豆

▶材料

黑豆300克、小苏打1小匙、砂糖150克、盐1小匙、高汤2大匙、温开水2大匙、冷水1杯、麦芽糖（或蜂蜜）1大匙

▶做法

1. 将黑豆洗净，加3杯水和小苏打，泡至黑豆外皮裂开，能看到里面绿色的豆仁，用水冲洗几次后沥干。
2. 将砂糖、盐、高汤和温开水混合，放入黑豆浸泡，夏天泡6小时，冬天泡24小时。
3. 将泡好的黑豆和汤汁一起放入锅中煮滚，加1/2杯冷水后再煮滚，再加1/2杯冷水，等煮滚时就转为极小火。（因为如果用大火煮，黑豆会有臭味，不但水会很快烧干，豆子凉后也会变硬。）
4. 改用极小火同时盖上锅盖（仅留一条小缝以透气），煮3小时。至还有少许汤汁时加入麦芽糖（或蜂蜜），溶化后关火。
5. 切记煮的过程中要随时打开锅盖，捞除浮沫。放凉后即可慢慢食用。

Tips

- 韩国人认为在炎热的夏天吃些黑豆，可以缓解疲劳感，带来力量。黑豆是一种健康食材。
- 最后的步骤才加麦芽糖（或蜂蜜），以增添香气和光亮。

韩国
白菜泡菜

▶材料

山东白菜1棵、盐适量、白萝卜丝1杯、辣椒粉适量、韭菜3～4根、大葱1根、姜1小块、大蒜3～4瓣、鱼露1/2杯

▶做法

1. 将山东白菜洗净，对半切，抹上2大匙盐，腌至白菜变软，用水冲洗，把水挤干。
2. 白萝卜丝也加少许盐和辣椒粉拌匀，腌至上色。韭菜切段。大葱斜切丝。
3. 将姜和大蒜捣成泥，拌上1/2杯辣椒粉和鱼露，尝一下味道，可再加盐调味，要吃起来感觉咸才行。与白萝卜丝、韭菜和大葱拌匀。

4. 将步骤3拌好的酱料涂抹在白菜叶上，一层层抹均匀，整形、卷好。放在保鲜盒中，盖好，室温下放1～2天。发酵好后，放入冰箱储存。

Tips

· 韩国泡菜的种类很多，其中白菜泡菜（kimchi）更是驰名世界。在韩国的超市就有专做白菜泡菜的，批发或零卖均可。

辣拌海螺

▶材料

罐头螺肉1罐，洋葱1/2个，胡萝卜1/4个，黄瓜1/2根，大葱、茼蒿、干鱿鱼丝、熟细面条或面线、蒜末各适量

▶拌酱

辣椒酱2大匙、辣椒粉2大匙、酱油1大匙、糖1大匙、醋1大匙、麻油1大匙、芝麻1大匙、胡椒粉1大匙

▶做法

1. 从罐头中取出螺肉，对半切，备用。
2. 将洋葱切条，胡萝卜切片，黄瓜切片，大葱切丝，茼蒿切成5厘米长的段，干鱿鱼丝剪成5厘米长的段。
3. 将螺肉与蒜末和步骤2的材料（茼蒿除外）放在大碗中，与拌酱的材料拌一下，再放上茼蒿和熟细面条或面线，即可食用。

Tips

· 韩国东海海域海水洁净，有不少螺类在海底以海藻为食，因此有许多厂商来此捕捞螺类制成罐头，更发展出了辣拌螺肉。

醋拌鲜鱿

▶材料

鲜鱿鱼300克、白萝卜100克（盐1/3小匙）、小黄瓜150克（盐1/2小匙）、洋葱100克（盐1/3小匙）、水芹菜150克、胡萝卜50克、辣椒酱2大匙、白醋2大匙、糖2大匙、辣椒粉1杯、白芝麻2大匙

▶做法

1. 将鲜鱿鱼除去内脏，洗净后用热水汆烫一下，再用冰水冲凉，沥干，切成5厘米长的段，备用。

2. 将白萝卜、小黄瓜和洋葱分别切成和鱿鱼同样的大小，分别用盐拌匀，腌5分钟，把水挤干。

3. 水芹菜去掉叶子，只用茎，用盐水烫过，捞出，用冷水快速冲一下。胡萝卜切成和鱿鱼同样的大小。

4. 将辣椒酱、白醋、糖搅拌均匀成酱料。

5. 将鱿鱼和所有蔬菜放在碗中，先加辣椒粉抓拌、上色，再拌入调好的步骤4的酱料，撒上白芝麻，略加搅拌即可装盘。

Tips

· 在有“韩国街”之称的中国台湾新北市永和区中兴街走一趟，可以看见韩国辣椒酱红红的，带点甜味但不是很辣，是做醋拌鲜鱿等韩国家常美味的必备调味料。

糖醋海带芽

▶材料

海带芽50克、小黄瓜1/2根、红辣椒1个、蒜片1大匙、酱油1小匙、盐1/2小匙、醋3大匙、糖3大匙、麻油1大匙

▶做法

1. 将海带芽在水中快速冲洗几次，以漂去咸味，泡至涨开，备用。
2. 将涨开的海带芽放入滚水中汆烫一下，立即捞出，用冷开水冲凉。
3. 将小黄瓜切薄片，红辣椒切圆圈。
4. 把海带芽、小黄瓜、红辣椒和蒜片放入碗中，加入其余的调味料拌匀即可。

Tips

· 调味料＋酱料＝拌料，拌料是凉拌菜或热拌菜的精髓。只要巧妙搭配这两种调味法宝，就能变换出迷人的口感。

海鲜豆酱汤

▶材料

西葫芦80克、马铃薯60克、白萝卜80克、洋葱50克、螃蟹150克、蛤蜊100克、小青辣椒1个、大葱1/2根、水5杯、豆酱60克、鲜香菇40克、豆腐适量、蒜末1小匙、盐1小匙、辣椒粉1小匙

▶做法

1. 将西葫芦、马铃薯、白萝卜、洋葱都切成2厘米宽的片，螃蟹洗净、切块，蛤蜊泡在盐水中吐沙，小青辣椒、大葱切丝。

2. 锅中加水，放入豆酱搅拌至溶化，再放入鲜香菇、马铃薯、洋葱、白萝卜、蛤蜊和螃蟹，煮10分钟。

3. 再放入豆腐、西葫芦、小青辣椒、大葱、蒜末，待西葫芦煮熟，加入盐和辣椒粉调味，即可关火。

Tips

- 在韩剧中婆婆和妈妈经常煮的大酱汤，是以豆酱为主要调味料煮成的汤，常见的配料还有豆腐、蔬菜和海鲜等。大酱汤堪称韩国最具代表性的平民料理。
- 豆酱是很浓稠的，使用前要先调开，也可以在碗中来调。

泡菜猪肉汤

材料

韩国泡菜300克、猪瘦肉200克、豆腐1块、大葱1段、洋葱1/4个、辣椒粉4⅓小匙、蒜末1½小匙、姜末1小匙、酱油1/2小匙、酒1小匙、水2½杯、盐1小匙

做法

1. 将韩国泡菜切成3厘米长的段，猪瘦肉切成一口的大小，豆腐切块，大葱对剖两半后切成5厘米长的段，洋葱切丝。
2. 将4小匙辣椒粉、蒜末、姜末、酱油、酒先调匀，备用。
3. 汤锅中先放入泡菜铺底，再放猪肉，淋上步骤2调好的酱料，再放上洋葱和大葱，加水煮。
4. 煮滚后放入豆腐，再转中火煮5分钟。尝一下味道，再用盐和1/3小匙辣椒粉调味。

Tips

- 泡菜是韩国人佐餐、下饭的小菜，也是做菜的好搭档，搭配什么样的食材都有特色。
- 喜欢吃辣的人，可以在最后起锅前放一个切斜片的小青辣椒。

人参鸡汤

▶材料

鸡1只、糯米4大匙、栗子2个、鲜人参1根、红枣4枚、大蒜4瓣、水6杯、盐适量、胡椒粉适量、粗盐2大匙、鱼露1/2杯

▶做法

1. 整只鸡先洗净，挖除内部血块及内脏。
2. 糯米洗净，泡水1小时。栗子削皮。鲜人参、红枣冲洗干净。
3. 把糯米、栗子、人参、红枣、大蒜塞入鸡腹中，用竹签封住开口，放入砂锅中，加6杯水，大火煮滚后转小火煮1~1½小时。
4. 用剩余的调味料调味即完成。

3

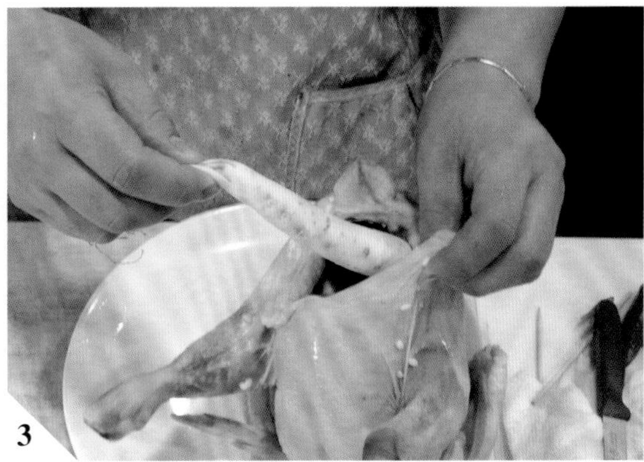
3

Tips

- 在韩国，人参还能入菜。人参鸡汤是造访韩国必吃的美食，夏天它被认为有补充养分的功用。
- 喜欢大蒜味道的饕客，可以多放几瓣。也可多准备一些红枣、栗子或银杏，放入汤中一起炖煮，使汤的味道更好。
- 韩国的鸡比较小，重800～900克，煮的时间较短；中国的鸡要煮久一点。

Chapter

泰式料理

酸、甜、辣、香、酥，擅以香料入菜的泰式料理深受人们的喜爱。
常见的酸辣海鲜汤、打抛猪肉、绿咖喱鸡、椒麻鸡、摩摩喳喳……
清爽开胃的滋味，推荐给你。

料理专家简介 Profile

段生浩

生长于缅甸的华侨，15岁来到中国台湾读书，毕业后在朋友的介绍下开始了料理生涯。当时南洋风味的餐饮正在台湾风行，凭着对熟悉滋味的记忆，他得心应手地运用着泰式食材，手艺很快就得到了肯定，终于开了自己的餐厅——“云城”。此次他将多年泰国菜的料理经验，毫无保留地分享给了大家。

泰式料理
常用食材

香茅

香茅是泰国非常普遍的一种香草料。新鲜的香茅，买回家后用报纸包好，存放在冰箱中，冷藏或冷冻均可。用时直接取出，斜切成片或段，拍一下再用，可以使香味较容易散出。

柠檬叶

柠檬叶并不是台湾常见的柠檬树叶，而是来檬叶，因形状、气味与柠檬叶相似而得此名。柠檬叶由泰国进口，新鲜和干的都有。为保持新鲜可将它冷冻，仍不失其香气。

罗勒

罗勒的气味强烈，芬芳独特。除了用于泰国料理，也常在中国菜或西式菜肴中见到它的踪迹。由于其香气在烹调过程中容易散失，所以通常在起锅前才加入。

红葱头

红葱头是洋葱的一种，因气味较洋葱温和，常不经烹煮直接用于料理中，取其香气。

香菜

香菜又称芫荽，气味清新，全株皆可食用。烹调中多取其叶作为增香的材料。

南姜

南姜是泰国姜的一种，香气浓但不辛辣，外形和普通老姜类似。可以用报纸包好后，放入冰箱中冷藏或冷冻储存。

柠檬

富含维生素C的柠檬，是泰国菜中酸味的主要来源。

泰国辣椒

泰国辣椒种类繁多，形、色、大小各异。辣椒愈小，辣度愈高，大辣椒多用于菜肴配色。

腌蒜头

腌蒜头是用糖与醋腌泡而成的，和广东的藠头很像。

泰式料理
常用调味料

蚝油

蚝油也称蚝酱，用鲜蚝酿制成，颜色较深，多用于炒的菜式中。味道较广东、香港的蚝油温和。开瓶后室温储存即可。

味露

味露是鱼露的众多品牌之一，用海鱼和盐共同发酵蒸馏制成，其味甘香鲜咸。常用于各式南洋料理中，同时也是泰国菜的主要咸味来源。

是拉差酱

是拉差酱也称红辣酱或辣椒酱，它的颜色红但并不是太辣，除调味之外，也可以直接蘸食。

烧辣酱

烧辣酱是做酸辣汤的主要调味料。不同品牌的烧辣酱酸甜度并不一致，因此做酸辣汤起锅前要再尝一下味道，可依照个人的喜好再增减柠檬汁的量。

红咖喱

红咖喱是用许多辛香料调制而成的。市售的红咖喱酱有许多不同的品牌，使用前先用油炒一下才会香。

椰浆

椰浆的品牌很多，椰油含量愈高，气味愈香。市面上也有冲泡式的椰奶粉，较易控制冲调分量，即冲即用相当方便。可以用椰奶粉代替椰浆。

椰糖

椰糖的甜度不如白糖高，但有椰香。有许多品牌可供选择。

酸子酱

酸子酱用酸子制成，顾名思义味道极酸。部分酸子酱较干，使用前须加水调稀；瓶装酸子酱比较稀，可直接使用。

冬荫功块

冬荫功由泰文音译而来：冬荫为酸辣之意，功即虾。冬荫功块的配方复杂，可用来烹煮泰式酸辣汤。

月亮虾饼

材料

虾仁600克、绞猪肥肉75克、鸡蛋液1½大匙、糖1小匙、麻油1小匙、胡椒粉少许、春卷皮6张、油适量、梅子酱2大匙

做法

1. 将虾仁先用少许盐（分量外）抓拌，再用大量的水冲洗至没有黏液。用干净的毛巾或纸巾将虾仁表面的水吸干。

2. 将虾仁先用刀面拍扁，再用刀背剁成泥状。

3. 将虾泥和猪肉放入大碗中，加入鸡蛋液、糖、麻油、胡椒粉拌匀。

4. 将虾泥拿在手中摔打5～8分钟，摔至虾泥有弹性。

5. 取适量虾泥（约3/4杯），放在2张春卷皮中间夹着，用一把厚刀的刀面在春卷皮上拍打，两面皆平均拍打，直到虾泥馅和春卷皮成为同样大小。此配方的材料分量可做3张月亮虾饼。

6. 在拍打好的虾饼表面，用刀尖戳9个小洞。

7. 将油烧至八成热后，将虾饼放入油锅内，用中火炸至呈现金黄色。

8. 盛起后，切4刀成8片，即可装盘。附上梅子酱蘸食。

2

4

5

5

Tips

- 虾仁表面的水一定要吸干，以免油炸时虾饼缩水。
- 虾泥摔打的时间越长，就越有弹性。
- 梅子酱的做法：用手剥下梅子肉，连核带肉放入白醋中，用极小火煮40分钟以上；放入白糖搅拌至溶化，再煮滚；用较大孔洞的网筛过滤，去除梅子核。

甘蔗虾

▶材料

虾仁600克、绞猪肥肉75克、鸡蛋液1½大匙、糖1小匙、麻油1小匙、胡椒粉少许、甘蔗2根（长16～17厘米）、色拉油少许

▶做法

1. 将虾仁先用少许盐（分量外）抓拌，再用大量的水冲洗至没有黏液。用干净的毛巾或纸巾吸干虾仁表面的水。
2. 将虾仁先用刀面拍扁，再用刀背剁成泥状。
3. 将虾泥及猪肉放入大碗中，加入鸡蛋液、糖、麻油、胡椒粉拌匀。
4. 把每根甘蔗直切成4小根，并将甘蔗削成圆条状。
5. 手上抹油，将约2大匙虾泥放在手掌上，再把甘蔗放在虾泥上，用虾泥包住甘蔗，包10～11厘米长，把虾泥捏紧。
6. 将捏好的甘蔗虾悬空放在盘子上，移入蒸笼里蒸熟，取出。
7. 将油烧至九成热后，转成中火，放入蒸熟的甘蔗虾，炸至呈现金黄色即可起锅。

4

5

Tips

· 甘蔗虾、月亮虾饼的虾泥都是一样的，所以做虾泥时可多做一些，将多余的虾泥放入冰箱冷藏。使用冷藏过的虾泥时，记得再摔打几次，以增加弹性。

黄金酥炸软壳蟹

材料

软壳蟹2只、酥炸粉5大匙、鸡蛋黄1个、糖1/2小匙、咖喱粉1小匙、胡椒粉少许、水4大匙、油适量

蘸酱

香菜根1根、红葱头1/2个、柠檬汁1大匙、味露1大匙、糖1小匙

做法

1. 将软壳蟹洗净，分别切为6块。
2. 将香菜根切末，红葱头切片，放在一起，加入柠檬汁、味露和糖，拌匀后即成蘸酱。
3. 酥炸粉中加入鸡蛋黄、糖、咖喱粉、胡椒粉和水，在碗中拌匀调成糊状。
4. 锅中烧热油，软壳蟹均匀裹覆调好的酥炸糊，入锅油炸成金黄色时即可捞起摆盘。与蘸酱搭配食用。

1

4

Tips

- 步骤4油锅中的软壳蟹炸到最后时，转大火炸20～30秒，可为其上色；或捞起软壳蟹，烧热油，再回锅大火炸第二次，也有同样效果。

酸辣生虾

▶材料

草虾8只、香菜末1大匙、辣椒末少许、蒜末1大匙、味露1½大匙、柠檬汁2大匙、白糖1小匙

▶做法

1. 先将草虾虾头部分切下，虾身部分剥壳，保留虾尾的末截尾壳。
2. 在虾背上距离前端约1厘米处划一刀。
3. 将虾肉摊开，排放在盘中。
4. 将香菜末、辣椒末和蒜末剁细，再和味露、柠檬汁、白糖一起放入碗中，拌匀后淋到生虾上即完成。

1

Tips

- 生虾剖背时，不要完全剖开，放入盘中时虾肉略有弧度，这样才漂亮。
- 第一次食用者，可用刀背在虾身上敲几下，这样肉质较为松软，可以减弱生虾的口感。
- 新鲜牡蛎淋上这里制作的调味料食用也很美味。

3

凉拌海鲜

▶材料

乌贼1只、虾仁10个、小黄瓜1/2根、小番茄4个、小辣椒少许、芹菜2根、洋葱1/4个、紫色卷心菜少许、蛤蜊10只

▶酱汁

白糖1/2小匙、柠檬汁1大匙、味露1大匙、是拉差酱1小匙

▶做法

1. 将乌贼洗净，剖开后摊平，在内部切斜刀，切上交叉条纹，再切片。
2. 将虾仁在背部轻划一个刀口。小黄瓜切丝，小番茄对切成两半，小辣椒切末，芹菜切段，洋葱切丝，紫色卷心菜也切丝。蔬菜料用冷开水冲洗后沥干。
3. 将水煮滚，把乌贼、虾仁和蛤蜊分别烫熟，用冷水冲凉后，捞起沥干，放入大碗中。
4. 将蔬菜料也放入大碗中，再加入全部酱汁材料，略抓拌均匀后即可装盘享用。

4

Tips

- 烫海鲜的时间不宜过久，水滚后放入，烫1～2分钟即捞出。
- 搅拌时，用手将小番茄挤压出汁，一起拌匀。

清蒸柠檬鱼

材料

鲈鱼1条、盐少许、酒少许、香菜末1大匙、蒜末1大匙、大红辣椒末1/4小匙、白糖1小匙、柠檬汁2大匙、味露2大匙、热高汤1杯、香菜段适量

做法

1. 将鲈鱼洗净，由腹部剖开，背部相连不剖断，在鱼肉两面各切3条刀口。
2. 将鱼摊平，背面朝上放在盘子上，加上盐及酒除去腥味。
3. 待蒸笼内水滚后，放入鱼，大火蒸6～7分钟。鱼熟后取出鱼盘，将蒸鱼汁倒掉。
4. 将香菜末、蒜末、大红辣椒末、白糖、柠檬汁、味露及热高汤在碗中调和均匀。
5. 将步骤4的材料淋到鱼身上，再放回蒸笼内，蒸约半分钟后取出，撒上香菜段。

1

Tips

- 鲈鱼有许多种，以加州鲈鱼和七星鲈鱼为多，只要新鲜，都很适合用来蒸。
- 剖开鱼腹时，注意保持鱼背的完整性。
- 蒸鱼的时间要控制好，以免鱼肉太老而影响其鲜嫩度与口感。

酸辣海鲜汤

材料

乌贼1/2只、螃蟹1只、草虾2只、柠檬汁2大匙、味露2大匙、糖1小匙、烧辣酱1大匙、蛤蜊10只、奶水1大匙、红油少许、香菜叶少许

酸辣汤汤底

草菇6朵、香茅2根（切片）、柠檬叶3片（撕开）、红葱头2个（拍扁）、小辣椒1个（拍扁）、香菜根3根（拍扁）、南姜4片、高汤3杯、小番茄3个（切半）

做法

1. 将乌贼洗净，在内面斜切交叉条纹，再分成小片。螃蟹打开蟹盖，洗净，蟹身一切为四。草虾剥壳，在背部划一刀。

2. 草菇大朵的一切为二，小的不切，用滚水氽烫一下，捞出。

3. 在汤锅内放入酸辣汤汤底材料，煮滚后转小火，煮2～3分钟，将香味煮出来。再加入柠檬汁、味露、糖和烧辣酱，搅拌，煮滚。

4. 煮滚后放入乌贼、蛤蜊、螃蟹和草虾，再煮滚时，加入奶水和红油。关火盛出，撒上香菜叶即可食用。

4

Tips

- 加入海鲜料后不宜多煮，一滚即可加料、关火。
- 烧辣酱的分量可依个人口味增减，柠檬汁的量也可增减。

云式
砂锅鱼头

材料

草鱼头1个、大红辣椒1个、番茄1/2个、洋葱1/3个、葱1根、姜2片、水9杯、干腌菜1～2片、鲜笋片约10片、香菜根4～5根、大蒜5瓣、盐适量、香菜叶少许

做法

1. 将草鱼头对剖成两半，清理干净。大红辣椒拍扁，番茄切块，洋葱切大块。
2. 将葱、姜拍扁，和4杯水一起放入锅中煮滚。放入鱼头后关火，在热水中泡1～2分钟，捞出鱼头。
3. 另一个锅内加入5杯水，同时放入步骤1的蔬菜料和干腌菜、鲜笋片、香菜根、大蒜一起煮。煮滚后加盐，转小火煮约30分钟，至材料均软烂。
4. 放入烫煮过的鱼头，继续用小火来煮，待汤滚后再煮3～5分钟。
5. 撒上香菜叶即可上桌。

1

4

Tips

- 鱼头先烫煮过可除腥味，不要直接放入汤汁中煮。
- 煮蔬菜料和辛香料时要小火慢煮，以免汤汁快速蒸发、减少太多。
- 砂锅是用砂质陶土制作而成的锅具，锅身质感越粗糙，保温效果越好，可使当中食材更美味。

青酱香酥鲈鱼

材料

鲈鱼1条、油适量

泰式青酱

青辣椒3个、翡翠椒1个、大蒜3～4瓣、香菜根3根、味露2大匙、柠檬汁2大匙、白糖2小匙

做法

1. 将青辣椒、翡翠椒、大蒜和香菜根一起放入碗中捣碎，加入味露、柠檬汁、白糖拌匀，即成泰式青酱。

2. 将鲈鱼洗净、擦干，在鱼身两面横着划切3～4道刀口。放入烧热的油中炸熟后捞起，将油再烧热，大火再炸鱼20秒使外层脆硬。

3. 鲈鱼沥净油后盛盘，趁热将泰式青酱淋在鱼身上。

Tips

· 炸鱼时油要热一些，油温180℃以上，鱼才不会粘锅，同时鱼的色泽也较漂亮，口感较酥脆。

虾酱卷心菜

材料

卷心菜1/4棵、虾米2大匙、红葱头1～3个、大蒜2～3瓣、大红辣椒1/2个、葱1/2根、油2大匙、高汤3～4大匙、蚝油1大匙、胡椒粉少许

做法

1. 将卷心菜洗净后切片，虾米泡软后剁碎，红葱头和大蒜拍裂后剁碎，大红辣椒切片，葱切段。

2. 在锅中放入2大匙油，先炒香虾米，加入红葱头与大蒜爆香，然后将卷心菜、大红辣椒和葱段放入拌炒，再加高汤、蚝油、胡椒粉调味，大火快炒至均匀即可盛出。

1

2

Tips

· 泰国虾膏（虾酱）对有些人而言味道较重，若喜其味，可加入约1/6小匙一同拌炒。

香辣四季豆

材料

四季豆150克、油适量、绞猪肉2大匙、大蒜2瓣、糖1/4小匙、淡口酱油1大匙、胡椒粉少许、辣椒酱少许、罗勒叶6～7片

做法

1. 把四季豆切成5厘米长的段，用六七成热的油以中小火炸至熟，捞出。

2. 将绞猪肉用少许油炒熟，加入剁碎的大蒜、糖、淡口酱油、胡椒粉、辣椒酱拌炒均匀。放入四季豆拌炒均匀。加入罗勒叶后，即可盛盘上桌。

1

Tips

· 喜欢辣味重的人可多加辣椒酱，但辣椒酱本身带有咸味，淡口酱油就须酌量减少。

2

云酱茄子

材料

茄子1个、洋葱1/6个、葱1根、油适量、绞猪肉2大匙、高汤1/3杯、云酱1小匙、淡口酱油1大匙、糖1/2小匙、胡椒粉少许、太白粉水适量

做法

1. 将茄子先切成5厘米长的段，依茄子粗细再直切成4条或6条。洋葱切细丝。葱切段。
2. 用八九成热的油将茄子炸到微软、茄肉部分略为焦黄，捞出，沥干油。
3. 用少许油炒绞猪肉，炒至肉变色且散开时，加入洋葱丝一同炒香，再放入高汤、云酱、淡口酱油、糖和胡椒粉炒，尝一下味道，再做调整。
4. 放入茄子略拌炒，加入太白粉水勾芡，撒下葱段后，即可盛起食用。

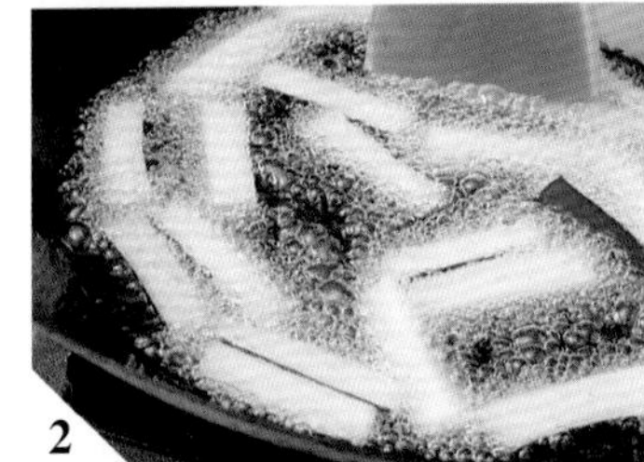

2

4

Tips

· 云酱是一种云南的酱料，由豆经蒸后发酵制成，类似豆瓣酱。台湾有人特别酿造来供餐厅使用，可以用豆瓣酱替代。

云酱

泰式
炒河粉

材料

河粉1/4包、虾米约10个、鸡胸肉适量、萝卜干少许、豆腐干1片、韭菜2根、油1~2大匙、鸡蛋1个、高汤1/2杯、绿豆芽少许、蚝油1½大匙、糖1/2小匙、醋1/2小匙、酸子酱1小匙、胡椒粉少许、柠檬片1片、辣椒粉少许

做法

1. 将河粉用冷水泡软，捞出，沥干。
2. 将虾米稍微泡软，鸡胸肉切小片，萝卜干和豆腐干切小丁，韭菜切段。
3. 在锅中加入1~2大匙油，炒熟打散的鸡蛋液，再加入处理好的鸡胸肉、虾米、萝卜干丁和豆腐干丁同炒。
4. 倒入高汤，再放入泡软的河粉、绿豆芽和韭菜，并将蚝油、糖、醋、酸子酱及胡椒粉加入一同拌炒。
5. 待汤汁收干后盛盘，放上柠檬片，撒上少许辣椒粉后即可享用。

4

Tips

- 河粉用冷水浸泡1小时左右至软，吃起来才没有硬心，且有软弹的口感。不可心急用热水浸泡，热水易使河粉过于软烂。
- 加入酸子酱拌炒前须加入适量热水将之调稀，以免太干炒不开。

冬粉虾煲

材料

冬粉3把、葱1根、洋葱1/4个、大蒜6瓣、草虾8只、猪肥肉1小块、老姜片5片、花椒粒少许

虾煲酱汁

油少许、蒜末1/2小匙、姜末1/8小匙、粗粒黑胡椒少许、高汤3½杯、蚝油9大匙、糖2½大匙、老抽1/4小匙、麻油1大匙

做法

1. **制作虾煲酱汁：**在炒锅中放入少许油加热，将蒜末、姜末和粗粒黑胡椒爆香。加入高汤，再加入蚝油、糖和老抽，拌匀。待煮滚，加入麻油，盛出备用。
2. 将冬粉用冷水泡软，葱切段，洋葱切丝，大蒜略拍扁。草虾剥壳，留下尾壳，在背部划一刀，备用。
3. 将猪肥肉切成薄片，铺在砂锅最底层，在肉片上摆放葱段、洋葱丝、大蒜、老姜片和花椒粒，然后放上冬粉和草虾。
4. 将步骤1的虾煲酱汁均匀地淋洒虾身。大火煮滚后转小火，煮约2分钟后关火即可。

3

4

Tips

- 砂锅底层一定要铺一层猪肥肉片味道才香，同时也不会粘锅。
- 虾煲酱汁的量须视砂锅大小而定，通常淋到砂锅中时淹盖冬粉至八成满即可，酱汁太多香味转淡，酱汁过少冬粉会太干。
- 可以用螃蟹取代草虾，“冬粉蟹煲”也是非常受欢迎的泰国菜。螃蟹杀好洗净，切成小块排在冬粉上，煮熟即可。

泰式椰汁牛肉

材料

嫩牛肉200克、蚝油少许、香油少许、糖适量、嫩精少许、大红辣椒1/2个、柠檬叶2片、红咖喱1小匙、油1/2大匙、椰浆1/3罐、味露1小匙

做法

1. 将嫩牛肉逆纹切片，用少许蚝油、香油、糖和嫩精拌匀，先腌制10～20分钟。
2. 将大红辣椒斜切成片，柠檬叶切丝。
3. 红咖喱先用1/2大匙油炒香，再加入椰浆、味露和1/2小匙糖，小火煮滚。
4. 加入牛肉片、辣椒片和柠檬叶丝，小火续煮约1分钟后即可关火。

3

4

Tips

・腌牛肉时不需加入太白粉，太白粉会使椰浆汤汁变稠，破坏原有的味道。

孜然松板猪

材料

猪松板肉200克、洋葱1/4个、罗勒叶10片、大红辣椒1个、油少许、干辣椒2大匙、新疆孜然粉1大匙、米酒少许

做法

1. 将猪松板肉切成薄片。

2. 将洋葱切丝，与罗勒叶一起铺在盘底。大红辣椒切片，备用。

3. 锅中放入少许油，将切好的猪松板肉炒至九成熟后，将多余的油倒掉，再放入干辣椒和大红辣椒，与猪松板肉一同小火拌炒。

4. 加入新疆孜然粉与米酒炒出香气，即可关火，盛至步骤2的盘中即完成。

1

4

Tips

- 若不喜欢洋葱或罗勒叶的生食口感，可以放入锅中一同拌炒，也很美味。
- 孜然风味独特，且能够除去肉的腥膻，加热时温度愈高，其香愈烈，故常用于肉类的烹调。

打抛猪肉

材料

大红辣椒1个、大蒜2瓣、葱适量、油少许、绞猪肉200克、糖1/2小匙、淡口酱油1大匙、胡椒粉少许、罗勒叶10片

做法

1. 将大红辣椒剁碎，大蒜切末，葱切成葱花。

2. 锅中放入少许油，先爆香大红辣椒和蒜末，再放入绞猪肉，中火炒2~3分钟后，加入糖、淡口酱油、胡椒粉，拌炒至熟。

3. 撒上葱花和罗勒叶，略为炒匀后，即可关火。

1

Tips

· 可在拌炒过程中加入1小匙泰式辣椒酱，风味更佳。
· 泰式辣椒酱的做法：将3大匙大红辣椒末、1大匙洋葱末和1小匙蒜末，用2大匙油炒至颜色鲜红，放凉后装瓶保存即可。
· 起锅前可沿锅边淋入少许米酒，增加香气。
· “打抛”为一种泰国特产的香草的译音，因中国较少种植该香草，多用罗勒叶替代。

2

绿
咖喱鸡

▶材料

鸡胸1个、油1/2大匙、绿咖喱酱1小匙、椰浆1/2罐、味露1/2大匙、糖1小匙、青豆1～2大匙、大红辣椒片4～5片、罗勒叶10片、奶水1大匙

▶做法

1. 鸡胸去皮，再将左右两片胸肉分开，斜切成薄片。

2. 锅中用1/2大匙油炒绿咖喱酱，炒匀后加入椰浆、味露和糖，煮滚。

3. 将鸡胸肉片放入锅内搅散，同时加入青豆和大红辣椒片。待再次煮滚且鸡胸肉煮熟时，加入罗勒叶与奶水，即可关火，盛盘上桌。

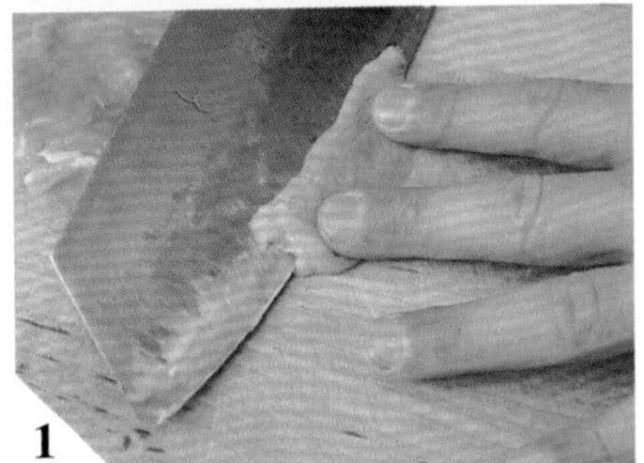
1

3

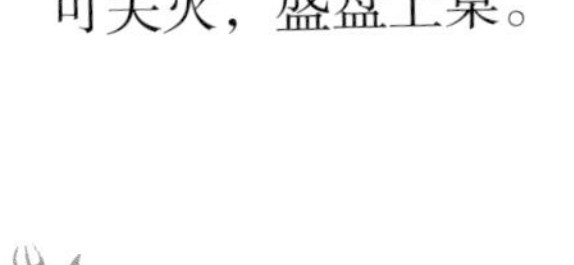
Tips

- 加入鸡胸肉片后须注意火候，煮过火可能会使鸡肉太老。
- 奶水最后才加，同时不能煮滚，以免起泡变质。

椒麻鸡

材料

鸡腿1只、卷心菜少许、大蒜1~2瓣、大红辣椒少许、香菜1根、淡口酱油2大匙、醋2大匙、水2大匙、糖2小匙、花椒油1/4小匙、麻油1/2小匙、油2杯

腌料

鸡蛋液1大匙、酒1小匙、糖1/8小匙、蜂蜜1～2滴、姜汁少许

做法

1. 鸡腿去骨，用刀将肉厚的地方片开，使厚度均匀。将制作腌料的材料拌匀，放入鸡肉，腌3～4小时。
2. 将卷心菜洗净切细丝，用冰水浸泡10～15分钟，沥去水后擦干，铺在盘中。
3. 将大蒜磨成泥，大红辣椒去籽后切碎，香菜略切。将以上三种材料和淡口酱油、醋、水、糖、花椒油、麻油拌匀做成调味汁。
4. 锅内倒入2杯油烧热，放入鸡肉，大火炸30秒，转小火慢炸至熟后捞起。再度将油烧热，放入炸熟的鸡肉，大火炸约10秒逼油，捞起。
5. 炸好的鸡肉切细条，盛入铺有卷心菜的盘中，淋上步骤3的调味汁。上桌后拌匀食用。

1

Tips

・卷心菜丝也可以用莴苣丝或小黄瓜丝替代。

摩摩喳喳

▶材料

水6杯、西谷米1杯、糖6～7大匙、罐头玉米粒1/2杯、红毛丹1杯、波罗蜜片6～8片、亚答子1杯、椰浆1罐、碎冰适量

▶做法

1. 预先备齐所有材料。锅中煮水，待水滚后放入西谷米，转小火煮至半透明。加入糖，搅拌至糖溶化时关火。放入罐头玉米粒，略为搅拌后放凉。
2. 将红毛丹对切，波罗蜜片切丝。
3. 将放凉的西谷米盛入小碗中，表层放上亚答子、红毛丹和波罗蜜，再随个人喜好，加入适量的椰浆及碎冰，即可享用。

1

Tips

- 西谷米有两种煮法：其一，若要煮好后自然放凉，西谷米煮到半透明时就要关火，这种煮法做的西谷米吃起来较黏稠；其二，将西谷米煮到透明时再捞起，用冷水冲凉，再拌糖水直接食用，此种方式做的西谷米较爽口且耐放。
- 摩摩喳喳的配料中可加入芋头丁或甘薯丁，再加入其他季节水果，如杧果、哈密瓜、香瓜等，摩摩喳喳将更为香甜可口。

意大利料理

用天然食材制作出美味料理，是意大利坚守的料理法则。除了传统的意大利料理，黄佳祥主厨也做出了很有创意的意式风味料理，谁说意大利面只能搭配红酱、白酱、青酱三种酱料呢？按照步骤做出一道道美味健康的料理，给生活增添更多乐趣吧！

料理专家简介 Profile

黄佳祥

一位热爱意大利料理的师傅，毕业于台南昆山科技大学资讯管理系，外贸协会品牌学院品牌全方位人才专班结业，曾获意大利美食大使认证、2002年嘉义美食展金厨奖，目前是两家意大利餐馆的经营者。

关于意大利面与炖饭有一套跳出传统思维的制作方法。他也希望传统意大利料理可以被更多人认识，相关的推广意大利饮食文化的活动他更是不遗余力地支持与参加。

鼠尾草

鼠尾草干燥后气味浓厚，常被用于烹煮汤类或味道浓烈的肉类食物，加入少许可增添味道。掺入沙拉中享用，更能发挥美容养颜的功效。鼠尾草花可拿来泡茶，能散发清香。

柠檬香茅

柠檬香茅为含有柠檬醛的叶片，在泰国、越南等东南亚国家是制作料理、茶饮不可缺少的重要香料。由于整株充满诱人的芳香，也常被用于提取精油。

欧芹

欧芹又称巴西里，是西方的芫荽。西式餐点中无论肉类、海鲜、蔬菜或汤品，都可加欧芹增添风味，也可用来装饰。

| 百里香 |

百里香非常适合用于肉类的调味，通常炖煮汤底、酱汁时一定会加入它提味。另外，搭配海鲜或糕点都很适合，常与香茅、西芹一起扎成香草束，用来熬煮高汤。

| 柠檬叶 |

柠檬叶有淡淡的柑橘果实的气味，可给料理增添清爽香味，适用于海鲜料理。其主要用来增添风味，许多泰式的汤品、沙拉、炒菜及咖喱中充满强烈的柑橘果实的香气，这种香气就来自柠檬叶。

意大利料理

干香料

肉桂粉

肉桂粉香气浓郁并带有甜味与些许辛辣味，常用于烘焙甜点或烹制肉类，亦可用于调和咖啡、热饮或腌酱、卤汁。

孜然粉

孜然粉主要用于调味、提香等，为烧烤菜肴中常用的上等作料。口感、风味极为独特，富有油性，气味芳香而浓烈，因此常用于料理牛、羊肉，此外也适合煎、炸、炒等烹调方式。

姜黄粉

姜黄粉是咖喱粉中常用的香料，印度料理中常加入姜黄粉调味，如姜黄饭。体质较寒的人可以多食用。通常烹调中采用的姜黄香料是晒干后的姜黄磨成的粉，颜色橘黄而有香味。适用于汤类、咖喱食品、腌渍食品、蛋类、肉类、米饭等的配色调味，也可调配法式沙拉酱。

肉豆蔻粉

肉豆蔻粉大多用于意大利面酱、乳酪、糕点、鱼、牛肉、羊肉加工品与炖蔬菜中。肉豆蔻精油可用于香水、肥皂及洗发精的制造。

小茴香粉

小茴香粉在中国是用来炖肉的，小茴香茎叶用于制作饺子馅。在欧洲则常用于烹调鱼类。印度人则添加在咖喱内增加风味。

墨西哥塔可粉

墨西哥塔可粉由各式香料调配制成，具有蒜味、辛辣味、芳香与咸味。适用于腌渍肉类、意大利面酱、炭烤肋排、番茄比萨、墨西哥香料饭、墨西哥袋饼、塔塔酱、点心食品等的制作。

大茴香粉

西方人喜爱把大茴香放在蔬果沙拉、鱼汤或海鲜料理中增香提味，中东人或印度人则喜欢把它加入汤或炖菜中增加风味。

红椒粉

将红甜椒去皮干燥后磨成粉，调入适量辣椒粉即可制成红椒粉，其辣度约为一般辣椒粉的10%，微辣而有着特殊香气。可用于汤品、炖煮食物、腌渍香肠等的调味，也可给料理增色。

粗椰粉

粗椰粉能使料理更具泰国椰式风味，还能使菜肴较干爽，常用于制作甜点等。印度人喜爱将其添加在咖喱内增加口感。

丁香粉

丁香粉常用于制作腌渍食品、调味料、巧克力、布丁、生果馅及糕饼等，也是印度综合香辛料与咖喱粉的配方成分。丁香粒则多用于西餐中，可加入猪肉中烩熟或烤焗，也可用于制作火腿、肉羹等。

意大利料理
特色调味料

红咖喱酱

红咖喱酱用泰国盛产的红辣椒，搭配香茅、南姜、柠檬叶、虾酱、芫荽等天然香料混合制成，最适合一些海鲜类料理，可依个人嗜辣程度调整使用量。

青咖喱酱

青咖喱酱用泰国盛产的青辣椒，搭配香茅、南姜、柠檬叶、虾酱、芫荽等天然香料混合制成，最适合一些肉类及海鲜类料理，可依个人嗜辣程度加入椰奶来调整辣度。

鱼露

鱼露最常用于中国台湾、东南亚的料理中，欧洲近年来也逐渐风行，其用途包括海鲜、沙拉以及其他菜肴的烹煮。由于其本身带咸味及天然甘甜味，所以可以取代盐、味精甚至豉油和蚝油。

壶底油精

壶底油精也称为荫油，是黑豆酿制的酱油，和一般黄豆酿制的酱油风味不同，特别适合清炖的菜肴。

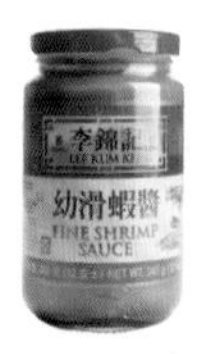

虾酱

虾酱和虾膏都不应直接食用，通常用于炒菜或炒饭。虾酱的食用方法很多，既可用于各种烹饪和作为火锅调味料，又可做出许多独特的美味小菜。

浓缩葡萄醋膏

巴萨米可醋经加工而成的浓缩醋膏，常用于甜点制作、料理装饰等，味道浓郁，可依个人喜好适量添加。

苹果醋

苹果醋可直接饮用。料理中使用到水果的时候，可加入适量苹果醋来增加风味。

白酒醋

白酒醋用意大利上选白葡萄酿造、陈放而成，常用在加入橄榄油调成的沙拉油醋酱汁或鸡肉、鱼等白肉类料理和凉拌菜的调味酱汁中。料理时非常适合取代清醋。

巴萨米可醋

巴萨米可醋又称为意大利陈年葡萄醋，为意式料理的经典食材之一。将熬煮至浓缩的葡萄汁放置于橡木桶内酿造，发酵过程中充分吸收木桶香气，产生醇厚的葡萄醋香。

鹰嘴豆

鹰嘴豆属于高营养豆类，富含多种植物蛋白、氨基酸、维生素、粗纤维及钙、镁、铁等成分。可作为主食、甜食，或炒熟食用，也可制作罐头或蜜饯等风味小吃，鲜豆做菜也可生吃。适合蒸、煮、炒。

酸豆

酸豆在亚洲和拉丁美洲的烹饪中用作调味料。未成熟的酸豆又酸又涩，通常用在开胃菜中。欧洲通常用酸豆来搭配海鲜类料理。

黑橄榄

黑橄榄为全熟橄榄。橄榄依成熟度分为青橄榄、红橄榄、黑橄榄，富含钙质和维生素C，营养丰富，可增加料理风味。

墨西哥青辣椒片

其辣味闻名世界。料理时依个人对辣度的喜好适量添加，增添风味。

意大利料理

乳制品

戈贡佐拉起司

“Gorgonzola”（戈贡佐拉起司）产自意大利北部的伦巴第。表面粗糙、有粉斑，起司呈白色至淡黄色，并布满蓝绿条纹，带有蘑菇味。因味道较重，料理时请酌量添加。

鲜奶

选用乳脂含量高的鲜奶，奶香较浓郁，可增加料理风味。可依个人喜好挑选品牌。

帕玛森起司

帕玛森起司为质地较硬的起司。制造过程中煮过却无挤压。依出产地区命名。乳酪爱好者称之为“乳酪之王”。

马兹瑞拉起司

马兹瑞拉起司是源自意大利南部城市的淡起司，常用于制作焗烤食品、比萨或甜点等。

原味优格

原味优格由动物乳汁经乳酸菌发酵制成。原味优格未添加糖，便于料理使用。常用在甜点、沙拉酱汁中，中东人则常将其加入菜肴中。

无盐奶油

无盐奶油是由牛奶中提炼出来的油脂，属于天然奶油，制作过程中未添加盐。适度减少盐分摄取对血管好。无盐奶油的乳脂含量较高，香味较浓郁。

奶水

奶水由牛奶蒸馏后去除些许水分而制成，没有炼乳浓稠但比牛奶稍浓。其乳糖含量较一般牛奶高，奶香味较浓，常用于烘焙甜点、咖喱及肉类料理中。

鲜奶油

鲜奶油是用未均质化的生牛奶顶部牛奶脂肪含量较高的一层制得的乳制品。依其不同的乳脂含量，在料理中也有不同用途，如制作甜点、意大利面酱汁等。

| 特级冷压橄榄油 |
（Extra Virgin Olive Oil）

本品为第一道冷压、100%特级冷压橄榄油，橄榄味香浓，发烟温度为180℃。油橄榄果实直接压榨封罐销售，制造过程中只有清洗、压榨、过滤及装罐等物理加工方法。适合用于凉拌、中低温烹调。

| 葡萄籽油 |

葡萄籽油的多元不饱和脂肪酸含量为68%，且油质清爽。此外更富含天然的抗氧化成分——花青素，非常适合料理时使用。

| 玄米油 |

玄米油富含珍贵的抗氧化物质，以及天然糙米精华γ-氨基丁酸（GABA）。适合中国人高温烹调时使用。

| 纯橄榄油 |
（100% Pure Olive Oil）

本品为第二道冷压、100%纯橄榄油，橄榄味适中，发烟温度为200℃。将精制橄榄油加入冷压橄榄油中，以调整其风味、颜色及品质，但不经化学改造或混合其他油类。

| 淡橄榄油 |
（Extra Light Olive Oil）

本品为第二道冷压、100%精制橄榄油，橄榄味清雅，发烟温度为220℃。将精制橄榄油加入冷压橄榄油中，以调整其风味、颜色及品质，但不经化学改造或混合其他油类。

认识意大利面

意大利面种类介绍

蝴蝶面

蝴蝶面具有最梦幻的造型，最早是手工制作的，中间较厚，两边较薄，可以一次体验两种不同口感。最适合制作凉拌面，既能与最传统的调味品完美地结合，也适合用于富有想象力的组合。

水管面

其通透的空心能将清淡的蔬菜酱料包裹其中。由于烹煮时能保持筋道，耐嚼又易黏附酱料，常作为丰富菜肴的理想材料，可制作经典的烤面条。

鸟巢面

番茄肉酱是鸟巢面最经典的搭配酱汁。此外也非常适合清淡的组合，如搭配蔬菜、奶油、火腿肉或鱼肉等。

天使面

天使面适合搭配清淡的调味料，且易消化。最简单的酱汁是用新鲜番茄、橄榄油和罗勒叶等制作的。也建议与番茄、橄榄和蛤蜊搭配，味道鲜美之余，也最能代表地中海的风味。

猫耳朵面

猫耳朵面外形呈现有凹槽的小圆形，犹如猫的耳朵一般，所以得名。其非常适合意大利的料理方式，可以跟不同酱汁任意搭配，也可搭配鱼肉及蔬菜。

吸管面

早期用擀平的面皮包覆竹签，让面皮中间形成孔洞，有如中空的意大利直面。外形如吸管一般，方便酱汁夹藏在孔洞中，借此丰富料理的味道层次。

笔管面

笔管面适于任何风味的酱汁调味。由于造型修长，可以在制作焗烤面食时保持外观。

千层面

用面做出长方形的面皮，各张面皮形状相同，方便包住酱汁。只要用烤箱焙烤20分钟即可上桌。

螺旋面

螺旋面最适合搭配以肉类或起司为主的浓郁酱汁，也适合清爽的凉拌方式。

直面

直面为意大利面最典型的面款，适合各种烹调方法，是世界上最受欢迎的面型。

麻花卷面

麻花卷面的两侧向中间卷曲，形成凹槽，可以将酱汁一滴不漏地黏附好。其表面光滑，带有许多细微的孔。适合各种烹饪方式，可与几乎所有酱汁搭配。

细扁面

细扁面呈现最原始的造型，扁平而略带曲线的面条形状，提高了黏附酱汁的能力，也保留了该有的嚼劲。适合各种酱汁，就算搭配清爽酱汁，也可以品尝出意大利面的美味。

意大利面

烹煮方法

▶烹煮前的注意事项

100克（面条）、1升（水）、7克（盐）

注意面条、水、盐的比例。（100克面条为1人份）

Tips

・煮意大利面时一定要用深锅，或用有一定深度的凹底圆锅替代。

▶直面

建议烹煮时间为5½分钟，避免过度软烂。

做法

1.锅中加入水，待煮滚后加入盐。
2.直面散开放入锅中。
3.待直面变软、沉入锅中，用夹子稍微搅拌。
4.捞起直面，沥干后淋上橄榄油，稍微拌匀，防止直面粘在一起。

1

2

3

4

▶细扁面

建议烹煮时间为5½分钟，避免失去嚼劲。

做法

1.锅中加入水，待煮滚后加入盐，细扁面散开放入锅中。
2.待细扁面变软、沉入锅中，再稍微搅拌。
3.捞起细扁面，沥干后淋上橄榄油，稍微拌匀，防止细扁面粘在一起，影响口感。

1

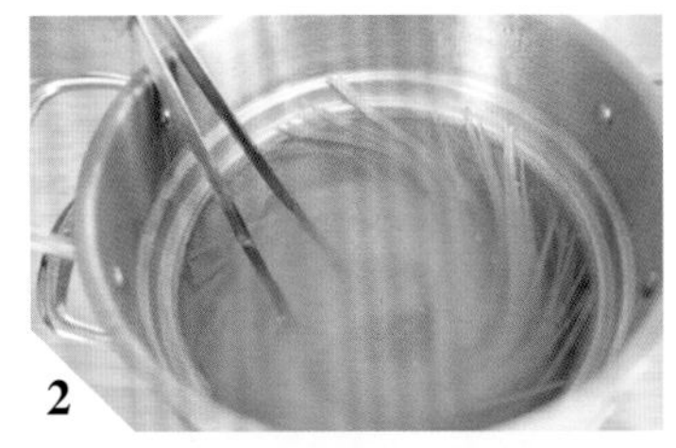
2

3

3

▶水管面

建议烹煮时间为8½分钟，避免过度软烂造成口感不佳。

做法

1.锅中加入水，煮滚后加入盐，放入水管面。
2.待水管面变软、沉入锅中，再稍微搅拌。
3.捞起水管面，沥干后淋些许橄榄油，稍微拌匀，防止水管面粘在一起。

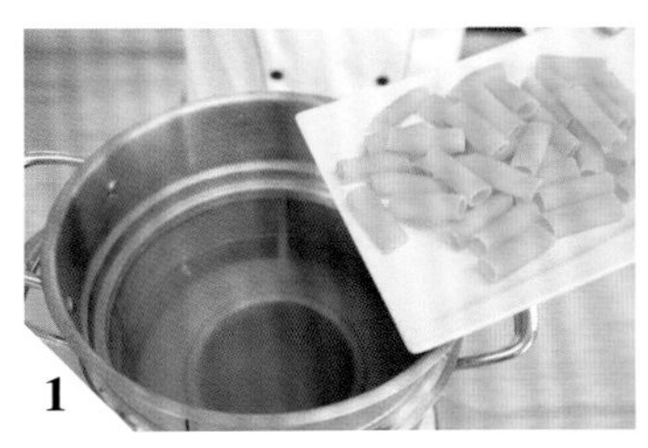
1

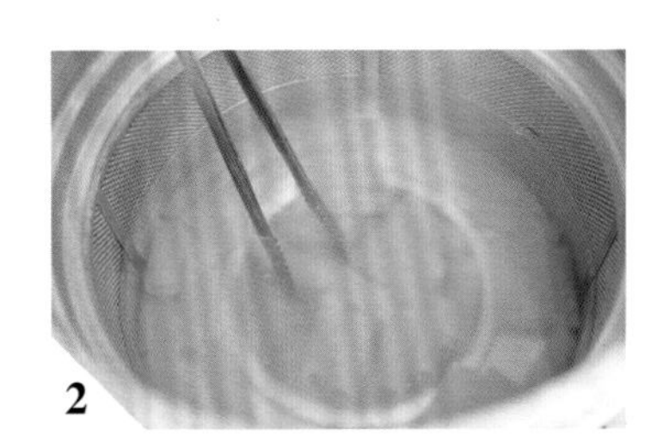
2

3

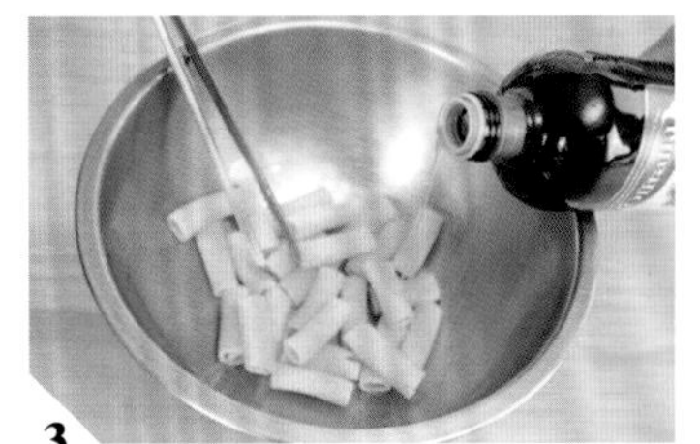
3

▶笔管面

建议烹煮时间为8½分钟，避免过于软烂，失去弹性。

做法

1.锅中加入水，煮滚后加入盐，放入笔管面。
2.待笔管面变软、沉入锅中，再稍微搅拌。
3.捞起笔管面，沥干后淋上橄榄油，稍微拌匀，防止笔管面粘在一起。

▶鸟巢面

建议烹煮时间为4½分钟，避免过于软烂。

做法

1.锅中加入水，煮滚后加入盐，放入鸟巢面。
2.待鸟巢面变软、沉入锅中，再稍微搅拌。
3.捞起鸟巢面，沥干后淋上橄榄油，稍微拌匀，防止鸟巢面粘在一起。

▶麻花卷面

建议烹煮时间为8分钟，避免过于软烂，影响口感。

做法

1.锅中加入水，煮滚后加入盐，放入麻花卷面。
2.待麻花卷面变软、沉入锅中，再稍微搅拌。
3.捞起麻花卷面，沥干后淋上橄榄油，拌匀，防止麻花卷面粘在一起。

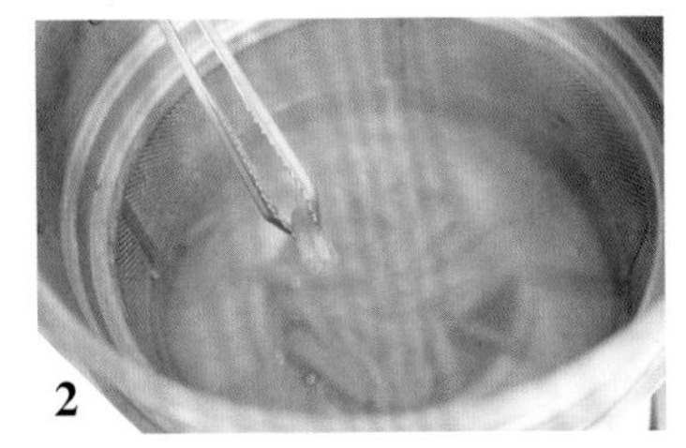

▶天使面

建议烹煮时间为1½分钟，避免面条过于软烂、断裂。

做法

1.锅中加入水，待煮滚后加入盐，天使面散开放入锅中。
2.待天使面变软、沉入锅中，再稍微搅拌。
3.捞起天使面，沥干后淋上些许橄榄油，稍微拌匀，防止天使面粘在一起。

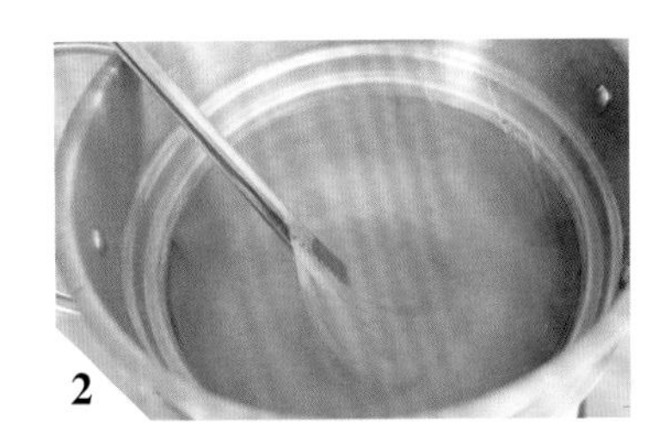

Tips

· 想要煮出有弹性的意大利面，最重要的是煮熟的面条要有0.01厘米的较硬的面心，这样的软硬度才恰到好处。

煮出弹牙的意大利面

1. 意大利面都一样

错！所有的意大利面都不一样，其品质取决于所使用的原料。建议使用较有品质保证的大品牌的意大利面，如Barilla意大利面。

2. 水量很重要

我们发现多数人水煮意大利面时，使用的水量不够，或者使用的锅不够大。原则上，“每100克面条需要1升水”，正确的水量为煮出弹牙的意大利面的必要条件。

3. 盐

水中加入盐可以增添意大利面的风味。放入盐的最佳时机，为水煮滚后至放入面条之前。建议每升水加入7克盐。

4. 油水不融

品质较好的意大利面（如Barilla意大利面），水煮时不需要加油。加油会降低酱汁黏附在意大利面上的能力，使酱汁与面条无法融合。品质不好的意大利面，才需要在水煮时加入油，使其不会被释出的淀粉粘在一起。

5. 不冲水

如果使用品质较好的意大利面，不需要冲洗煮熟的面条。在水煮过程中，只有少量的淀粉会释放出来，所以面条不会粘在一起。而且意大利面经水冲洗，表面的淀粉会被洗除，影响黏附酱汁的能力。

6. 意大利面为低 GI（血糖生成指数）食物

意大利面含有碳水化合物，制作过程中面团里不再添加油脂，所以脂肪含量非常少。因此意大利面是低GI食物，为健康美味的能量来源。

7. 意大利面——重要的能量来源

意大利面是低GI食物，所含碳水化合物的消化率较低。此外，其含有大量复合碳水化合物，释放能量的速度缓慢，碳水化合物会变成葡萄糖储藏在肌肉中，需要时才会被利用。

8. 弹牙（al dente）

意大利面一定要煮出“弹牙”的口感。al dente原意是“牙齿的咀嚼感”或“扎实的咀嚼口感”，通常可在意大利面刚起锅时，或与酱汁烹煮后品尝到此弹牙的口感。

9. 面酱合一

意大利人煮意大利面，不会加入大量的酱汁。因为他们想要品尝面条天然的麦香，而不是酱汁。如果意大利面的品质好，请不要用过多的酱汁掩盖它的麦香味。建议使用等量的意大利面及酱汁，将酱汁煮好后再放入意大利面。

但是，“罗勒青酱”的料理法较不同，不可以加热烹煮，而是当作作料加在意大利面上。

在意大利有300种以上的意大利面，每个地方都会有自己的烹煮方式，不同的面款会搭配不同的酱汁。举例来说，类似笔管面的短面适合与肉块或蔬菜酱汁一起拌炒，意大利宽面条适合搭配奶油白酱，吸管面与水管面适合做焗烤料理。

10. 意大利面以杜兰小麦为原料

品质优良的意大利面是用“杜兰小麦”研磨的“粗粒杜兰小麦粉”制作而成的。而Barilla意大利面就是用100%高品质的杜兰小麦制作的。

1. 煮好的意大利面拌好橄榄油，放凉，再按分量装入小塑料袋中。
2. 放入冰箱冷藏，可保存4天。

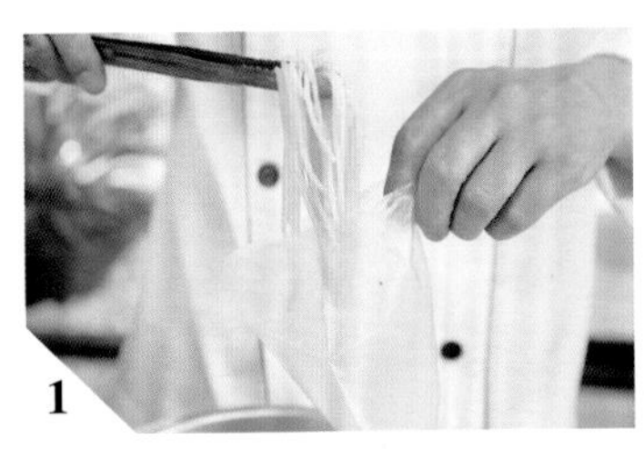
1

2

柠香奶油嫩鸡麻花卷面

▶材料（2 人份）

鸡腿肉适量、橄榄油适量、盐少许、白酒适量、蒜碎1/2大匙、洋葱碎1大匙、麻花卷面360克、切碎的柠檬叶适量

▶柠香奶油酱

鲜奶油120毫升、煮面水1大杯、橄榄油3大匙、起司粉50克、盐1/2小匙、细砂糖1/2小匙、黑胡椒粗粒1/2小匙、柠檬叶 6片

▶做法

1. 将鸡腿肉切块，用橄榄油、盐腌渍，去腥味并嫩化肉质。
2. 将柠香奶油酱的材料依序倒入食物料理机中，搅拌均匀。
3. 平底锅中倒入适量橄榄油加热，油热后放入鸡肉煎至微焦，加入白酒，加盖焖约1分钟。
4. 放入蒜碎及洋葱碎拌炒。倒入柠香奶油酱，用小火慢煮约3分钟至材料入味。
5. 加入煮熟的麻花卷面炒匀，起锅前淋上橄榄油提香。（煮面的方法详见p.113）
6. 盛盘，撒上切碎的柠檬叶作为装饰。

2

2

4

5

酸辣海鲜意大利面

▶材料（2人份）

大白虾4只、干贝8个、鱿鱼圈50克、白酒1杯、直面360克、橄榄油适量、切碎的柠檬叶适量

▶酸辣酱汁

柠檬皮碎20克、柳橙皮碎20克、柠檬汁45毫升、柳橙果肉30克、香茅碎20克、辣椒碎10克、黑胡椒粗粒1/2小匙、橄榄油3大匙、细砂糖1小匙、太白粉1小匙

▶做法

1. 将酸辣酱汁的材料倒入碗中混合均匀，浸泡约1小时。
2. 在平底锅中倒入适量橄榄油，放入大白虾、干贝、鱿鱼圈煎至微焦，加入白酒，加盖焖约1分钟。
3. 倒入完成的酸辣酱汁，同海鲜料一起拌炒，用小火慢煮约3分钟至材料入味。
4. 加入煮熟的直面拌炒均匀，起锅前淋上1/2小匙橄榄油提香。（煮面的方法详见p.110）
5. 盛盘，撒上切碎的柠檬叶。

1

2

3

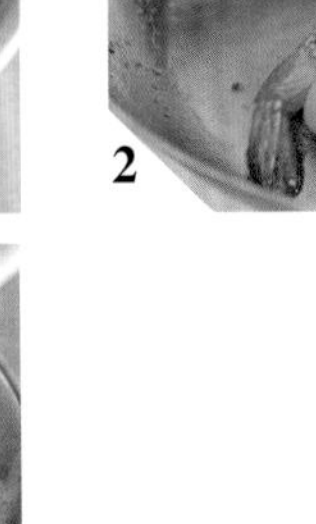
4

卡彭那拉香菇嫩鸡鸟巢面

▶材料（2人份）

鸡腿肉适量、橄榄油适量、盐适量、煮面水1杯、黑胡椒粗粒1/4小匙、鲜奶油120毫升、起司粉50克、细砂糖1/2小匙、鸡蛋黄2个、洋葱碎1大匙、鸿喜菇50克、香菇50克、鸟巢面360克、欧芹碎适量

▶做法

1. 将鸡腿肉切块，用适量橄榄油、盐腌渍，去腥味并嫩化肉质。
2. 将煮面水、黑胡椒粗粒、鲜奶油、起司粉、1/2小匙盐、细砂糖、鸡蛋黄与腌好的鸡腿肉混合均匀。
3. 在平底锅中倒入橄榄油加热，油热后放入洋葱碎炒成金黄色，加入菇类拌炒至熟软。
4. 倒入步骤2的材料，用小火炖煮约5分钟至材料入味。
5. 加入煮熟的鸟巢面拌炒。盛盘，撒上欧芹碎。（煮面的方法详见p.112）

2

3

4

5

Tips

· 鸡蛋黄遇热会变成固体而产生黏性。此道料理可依个人喜欢的浓稠度添加适量的煮面水，调整酱汁的口味。

奶油香菇烟熏培根笔管面

▶材料（2人份）

橄榄油少许、烟熏培根100克、洋葱碎1大匙、鸿喜菇50克、香菇50克、煮面水适量、鲜奶油120毫升、盐1/2小匙、细砂糖1/2小匙、黑胡椒粗粒1/4小匙、笔管面360克、鸡蛋黄1个

▶做法

1. 在平底锅中倒入少许橄榄油加热，油热后放入烟熏培根煎至油脂层变为半透明，放入洋葱碎炒成金黄色。

2. 放入菇类拌炒至熟软。将煮面水、鲜奶油、盐、细砂糖、黑胡椒粗粒混合均匀后倒入锅中炒匀。

3. 用小火炖煮约3分钟至材料入味。加入煮熟的笔管面拌炒。（煮面的方法详见p.112）

4. 盛盘，放上鸡蛋黄。

1

2

2

3

罗勒叶海鲜细扁面

▶材料（2人份）

橄榄油适量、洋葱碎1大匙、白虾4只、小干贝30克、蟹脚肉50克、鱿鱼50克、白酒1杯、细扁面360克、欧芹碎适量

▶青酱

烤熟的杏仁片15克、蒜碎1/2大匙、橄榄油80毫升、罗勒叶50克、起司粉80克

▶做法

1. 将烤熟的杏仁片、蒜碎、橄榄油放入食物料理机内搅打均匀。
2. 加入罗勒叶及起司粉，继续打数分钟即为青酱。
3. 在平底锅中倒入橄榄油加热，油热后放入洋葱碎炒成金黄色。
4. 放入白虾、小干贝、蟹脚肉、鱿鱼拌炒，加入白酒，加盖焖至白虾变色。
5. 倒入青酱，与海鲜料炒匀。放入煮熟的细扁面拌炒均匀。（煮面的方法详见p.111）
6. 盛盘，撒上欧芹碎。

1

2

4

5

希腊油封樱桃番茄
鲔鱼鹰嘴豆细扁面

▶材料（2人份）

鹰嘴豆罐头75克、鲔鱼罐头200克、罗勒叶适量、细扁面360克、松子10克、新鲜百里香适量

▶油封樱桃番茄

樱桃番茄10个、甜橙皮适量、柠檬皮适量、盐1/2小匙、糖1/2小匙、黑胡椒粗粒适量、新鲜百里香适量、橄榄油适量

▶香料橄榄油

橄榄油5大匙、新鲜迷迭香适量、新鲜鼠尾草适量、新鲜百里香适量

▶做法

1. **制作油封樱桃番茄：**将樱桃番茄去蒂洗净，沥干，轻划一刀，放入小烘烤盘中。再依序放入其余材料，放进已预热的烤箱，以90℃的烤温烘烤约80分钟后取出。

2. **制作香料橄榄油：**在平底锅中倒入橄榄油，放入新鲜香料，以80℃（低温）的油温浸泡约30分钟，取出香料即可。

3. 将香料橄榄油与鹰嘴豆用食物料理机打成泥状，即为鹰嘴豆泥。

4. 另取一个平底锅，放入鲔鱼（含油）略炒约1分钟。放入油封樱桃番茄、罗勒叶、煮熟的细扁面，一同拌炒。（煮面的方法详见p.111）

5. 将鹰嘴豆泥平铺于盘内，放上步骤4的材料，撒上松子，放上新鲜百里香作为装饰。

1

2

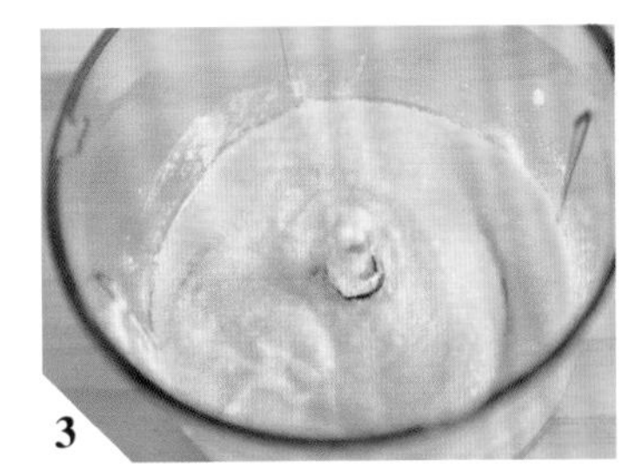
3

4

Tips

- 制作香料橄榄油的百里香，也可用牛至替代。
- 制作香料橄榄油前，需先汆烫新鲜的迷迭香、鼠尾草、百里香（杀菌），晾干后再混合。

马兹瑞拉起司香肠意大利面

▶材料（2人份）

橄榄油3大匙、香肠片100克、蒜碎适量、洋葱碎适量、黑橄榄片20克、欧芹碎5克、马兹瑞拉起司100克、直面360克、罗勒叶适量

▶红酱

番茄400克、洋葱碎2大匙、蒜碎1/2大匙、甜橙汁1个的量、起司粉适量、辣椒适量、盐1/2小匙、黑胡椒粗粒1/2小匙

▶做法

1. 在番茄顶部轻划十字。锅中加入水，煮沸后放入番茄，煮约1分钟。
2. 取出煮熟的番茄，由顶部划十字处去皮。
3. 在果汁机中依序放入番茄与制作红酱的其余材料，搅拌均匀即为红酱。
4. 在平底锅中倒入橄榄油加热，油热后放入香肠片、蒜碎、洋葱碎拌炒。
5. 倒入红酱，小火炖煮5分钟至材料入味。
6. 再放入黑橄榄片、欧芹碎、马兹瑞拉起司、煮熟的直面炒匀，至酱汁略微收干。（煮面的方法详见p.110）
7. 盛盘，撒上撕碎的罗勒叶。

3

4

6

6

认识意大利炖饭

▶意大利米的由来

稻米约于14世纪由东方国家传至意大利，因为航海的关系，可能是由意大利的热那亚港、威尼斯港进入意大利境内的，进而开始大量种植。

意大利稻米主要种植于北部波河流域的山谷，一年一种制，以波河流域河水及阿尔卑斯山雪水灌溉。而意大利米品牌中的Scotti创立于1860年，也是意大利最古老的碾米厂之一。

▶意大利米的种类

意大利米主要可以分为2类——Arborio与Carnaroli，二者不仅在外观上有所差别，而且适合制作的料理也有所不同，如下表所示：

种类	Arborio	Carnaroli
产地	皮埃蒙特区	伦巴第区
颜色	白色	米色
特性	·米粒为圆形 ·结构紧实，烹煮后容易维持完整米粒形状与较好口感	·米粒为长形 ·表面滑顺，淀粉含量较高，酱汁吸收能力强
适合的料理	炖饭、沙拉、甜点	炖饭

| 意大利米 |

意大利米结构紧实，烹煮后容易维持完整的米粒形状。适合制作炖饭、沙拉、甜点。

| 台梗九号米 |

台梗九号米俗称蓬莱米。外形较浑圆饱满，米粒透明，黏性佳。吃起来较有弹性，即使放冷后吃，也一样美味。

| 长籼米 |

长籼米俗称在来米。米粒较纤长，黏度低，米质较松散。口感近似泰国米，粒粒分明。

▶意大利米与中国台湾米的不同

意大利米与中国台湾米除了外形上有明显的差异外，其烹煮时的特色及适合的料理也有所区别，如下表所示：

类型	意大利米	中国台湾米
品种	Arborio、Carnaroli	蓬莱米、在来米、糯米
外形	大，较饱满	小，较透明
适合的料理	意大利炖饭、意式米布丁、意式甜点	白米饭、中式米食、中式糕点
特色	烹煮时，会自然释放淀粉，增加菜品的浓稠度	熟米饭吃起来较黏稠，适合制作中式糕点

意大利炖饭

烹煮方式

▶传统煮法

1.锅中放入奶油加热，熔化后放入意大利米。
2.拌炒至米粒完全黏附奶油。
3.倒入红酱拌炒。
4.持续加入沸腾的高汤（海鲜高汤或鸡高汤）拌匀，煮至米九成熟。
5.完成后关火，用锅底余温继续加热，放入粗粒黑胡椒盐调味。
6.加入刨好的帕玛森起司丝。
7.放入奶油，增添香味，提高凝固的程度。

▶烹煮前的注意事项

注意米与高汤的比例。

2杯米、1½杯高汤

（海鲜高汤或鸡高汤）

▶简易快速煮法

1.在电饭锅中放入意大利米。
2.倒入高汤即可煮饭。
3.在平底锅中倒入红酱，加入煮好的意大利米饭拌炒。
4.完成后关火，利用锅底余温继续加热，加入调味料调味。

1

2

3

4

煮出美味意大利传统炖饭

1. 炖饭与奶油

意大利传统炖饭是来自意大利北部的传统料理，所以烹煮炖饭时最常使用盛产于意大利北部的奶油。意大利北部的人烹煮炖饭只使用奶油，而意大利南部的人会使用奶油并混合些许橄榄油。

2. 烹煮炖饭的必备锅具——厚底不锈钢深底锅

烹煮炖饭时建议使用厚底不锈钢深底锅，此锅具不仅聚热效果良好，锅底热源分布也较平均，可以避免烹饪过程中炖饭底部烧焦的问题。选用正确的锅具后，在料理炖饭的过程中不需要一直搅拌，只需要在烹饪后段每分钟搅拌一次即可。

3. 无可取代的意大利米

想要烹饪出美味地道的意大利传统炖饭，必须使用意大利出产的稻米。意大利米的品种及栽种方式有别于其他产地的稻米，除了米粒较大外，其容易释放淀粉，有助于烹煮炖饭的高汤变浓稠，米粒形状也不易被破坏，更不会有粘成团的问题发生。

4. 意大利米的品种

最常见的意大利米品种为Arborio，接下来是Carnaroli与Vialone Nano。

并非所有意大利米品种都适合制作炖饭。Arborio品种的意大利米结构紧实，烹煮后容易维持完整米粒形状与弹牙口感，较适合制作炖饭，此外也可以用于制作甜点，如米布丁。Arborio品种的意大利米使用较为广泛。

5. 有好的高汤才有好的炖饭

意大利传统炖饭的味道来源主要是高汤，因此制作炖饭的高汤的品质非常重要。所使用的高汤需要保持沸腾，并且分次加入炖煮，这样高汤才不会导致炖煮中的米降温。

6. 米与高汤的完美比例

制作炖饭时，米与高汤的比例为：100克米使用400毫升高汤。
传统炖饭最常使用鸡高汤，除非是素食料理才会使用蔬菜高汤。高汤分次加入米中炖煮，在即将完成炖饭时，每次加高汤的量需逐渐减少，避免不小心高汤加太多无法补救的情况发生。
为了使炖饭呈现良好的浓稠度，需要另准备一锅煮滚的水，用来调整炖饭的浓稠度。若太浓稠，可以倒入些许煮滚的水稀释。

7. 炖饭浓稠的秘密

煮好的炖饭带有较稀的酱汁，此时将炖饭的锅离火，并加入奶油块及现刨的帕玛森起司丝拌匀，增加浓稠度及香气。但不可以用鲜奶油取代奶油块及帕玛森起司，因为这不是意大利的正统做法。

8. 炖饭的盛盘

完美浓稠度的炖饭盛放在平底餐盘上会定形，但不会流出多余的汤汁，摇晃时也可以流动。如果炖饭在平盘上堆高盛放，这表示炖饭烹煮失败。

9. 米粒分明的炖饭

过熟的炖饭米粒不但会变软，还会破裂成糊状，这表示烹煮失败。如果烹煮过程中，米粒还没煮熟就开始破裂，这表示所选用的意大利米品质不佳。

10. 花时间等待的美味

制作意大利传统炖饭时，由炒米到炖煮完成需要15～20分钟，其没有一定的时间公式，烹饪过程中试吃米粒确定软硬度为最直接的判断法。预煮炖饭煮不出意大利传统炖饭的美味，如果一定要节省烹煮时间，可以将米粒用奶油、洋葱末炒热后冷藏备用，大约可以缩短5分钟的料理时间。

烟熏鸭胸青酱炖饭

▶材料（2人份）

市售熟烟熏鸭胸200克、橄榄油适量、洋葱碎1大匙、蒜碎1/2大匙、盐1/2小匙、细砂糖1小匙、黑胡椒粗粒1/4小匙、意大利米300克、鲜奶油120毫升、新鲜百里香少许

▶青酱

橄榄油80毫升、罗勒叶50克、起司粉80克、杏仁片15克

▶做法

1. 将烟熏鸭胸肉切片。
2. **制作青酱：**在果汁机中放入橄榄油和罗勒叶搅打均匀，再加入起司粉、杏仁片拌匀。
3. 在平底锅中倒入1大匙橄榄油加热，油热后放入洋葱碎、蒜碎炒成金黄色。
4. 倒入青酱、盐、细砂糖、黑胡椒粗粒拌炒均匀。
5. 加入煮好的意大利米饭。（意大利米饭的做法参考p.132）
6. 起锅前加入鲜奶油拌匀。切片的烟熏鸭胸肉淋上橄榄油。
7. 盛盘后烟熏鸭胸肉放于炖饭上，用喷火枪喷至微焦，摆上新鲜百里香作为装饰。

1

2

5

7

牛肝菌鸡肉炖饭

▶材料（2 人份）

干牛肝菌20克、鸡腿肉适量、橄榄油1大匙、盐适量、无盐奶油80克、洋葱碎1大匙、蒜碎1/2大匙、综合菇（香菇、鸿喜菇、雪白菇等）100克、白酒1杯、意大利米160克、黑胡椒粉适量、高汤1杯、欧芹碎少许

▶做法

1. 将干牛肝菌洗净后加入饮用水中泡软，切小片。
2. 取一半泡软的牛肝菌片倒入果汁机中，搅打均匀成牛肝菌汁。
3. 将鸡腿肉切块，用橄榄油、盐腌渍，去腥味并嫩化肉质。
4. 在平底锅中放入50克无盐奶油加热，待熔化后加入洋葱碎、蒜碎炒成金黄色，再放入鸡腿肉拌炒。
5. 倒入牛肝菌汁及综合菇拌炒，加入白酒，加盖焖煮约3分钟。
6. 将煮好的意大利米饭放入步骤5的锅中，拌炒均匀。（意大利米饭的做法参考p.132）
7. 放入剩下的牛肝菌片拌炒均匀。
8. 熄火，起锅前加入适量盐和黑胡椒粉、30克无盐奶油、高汤拌匀。盛盘，撒上欧芹碎。

1

2

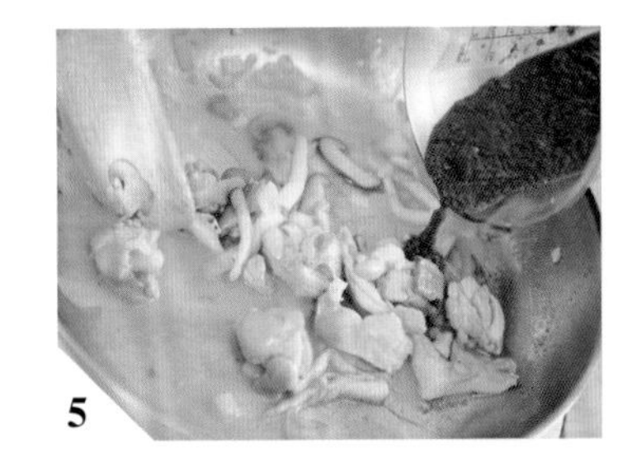
5

6

波士顿奶油蛤蜊炖饭

▶材料（2人份）

培根2片、马铃薯50克、橄榄油3大匙、洋葱碎2大匙、蒜碎1/2大匙、干辣椒段适量、蛤蜊20只、白酒1杯、鲜奶（热）1杯、意大利米300克、起司粉3大匙、鲜奶油100毫升、盐适量、黑胡椒粗粒适量、起司粉适量、欧芹碎适量

▶做法

1. 将培根、马铃薯切小丁。
2. 在平底锅中倒入橄榄油加热，油热后放入洋葱碎、蒜碎炒成金黄色，再放入培根、马铃薯、干辣椒段拌炒约3分钟。
3. 再放入蛤蜊拌炒，加入白酒，加盖焖煮约3分钟。倒入热鲜奶拌匀。
4. 放入煮好的意大利米饭、起司粉拌炒，再加入鲜奶油拌炒。（意大利米饭的做法参考p.132）
5. 熄火，起锅前加适量盐和黑胡椒粗粒搅拌。
6. 盛盘，撒上适量起司粉和欧芹碎即可。

2

3

3

4

蔬菜炖饭

▶材料（2人份）

橄榄油3大匙、红椒1个、黄椒1个、综合菇（见p.139）100克、西蓝花50克、芦笋50克、起司粉适量、意大利米300克、罗勒叶碎适量

▶红酱

番茄400克、洋葱2大匙、蒜碎1/2大匙、欧芹5克、高汤适量

▶做法

1. 取番茄，顶部轻划十字。锅中加入水煮滚，放入番茄，煮约1分钟。

2. 取出番茄，从划十字处去皮，备用。

3. 将红酱的所有材料依序放入果汁机中，搅打均匀即成红酱。

4. 在平底锅中倒入橄榄油加热，油热后放入切片的红椒与黄椒、综合菇、西蓝花、芦笋、80克起司粉拌炒。

5. 倒入红酱拌匀。

6. 加入煮好的意大利米饭。（意大利米饭的做法参考p.132）

7. 加盖焖煮约3分钟至材料入味。盛盘，撒上起司粉、罗勒叶碎即完成。

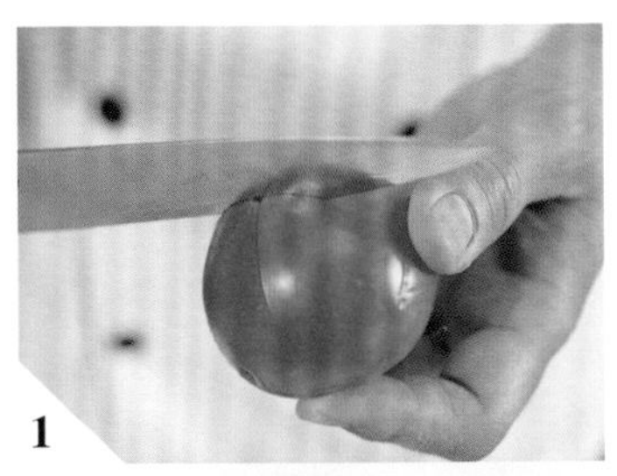
1

3

5

6

奶油烟熏培根炖饭

▶材料（2人份）

橄榄油适量、烟熏培根丝150克、红椒丁50克、黄椒丁50克、鲜奶油120毫升、鸡蛋黄3个、起司粉50克、高汤适量、盐1/2小匙、黑胡椒粗粒1/4小匙、意大利米300克、欧芹碎适量

▶做法

1. 在厚底平底锅中倒入橄榄油加热，油热后放入烟熏培根丝拌炒约3分钟。
2. 将红椒丁、黄椒丁放入锅中炒，倒入鲜奶油拌炒约3分钟。
3. 加入1个鸡蛋黄、起司粉、高汤搅拌均匀，再用盐、黑胡椒粗粒调味。
4. 加入煮好的意大利米饭拌煮。（意大利米饭的做法参考p.132）
5. 盛盘，放上2个鸡蛋黄（1人份1个），撒上欧芹碎。

1

2

4

5

黑乎乎
乌贼炖饭

▶材料（2人份）

乌贼400克、橄榄油3大匙、洋葱碎1大匙、蒜碎1/2大匙、白酒1杯、高汤1杯、意大利米300克、青豆200克、盐1小匙、黑胡椒粗粒1/4小匙

▶做法

1. 将乌贼洗净后切小块，保留1个墨囊备用。

2. 在平底锅中倒入橄榄油加热，油热后放入洋葱碎、蒜碎炒成金黄色。

3. 放入乌贼块拌炒，倒入白酒炒至酒精挥发，再放入高汤用小火慢煮约5分钟。

4. 加入煮好的意大利米饭。（意大利米饭的做法参考p.132）

5. 用刀划开预留的墨囊，将墨汁倒入饭中，加入青豆拌匀，小火焖煮约5分钟入味。

6. 起锅前放入盐及黑胡椒粗粒调味。

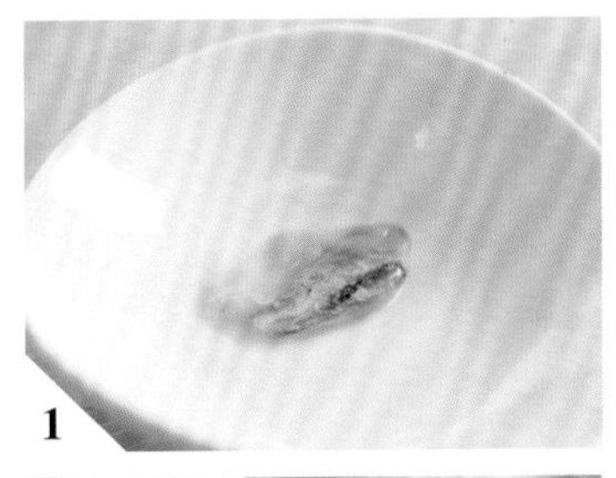
1

3

4

5

Natale
Merry

意式百菇炖饭

▶材料（2 人份）

干牛肝菌20克、香菇50克、橄榄油3大匙、无盐奶油20克、洋葱片1大匙、蒜碎1/2大匙、鸿喜菇50克、雪白菇50克、洋菇50克、白酒1杯、高汤适量、意大利米300克、起司粉50克、欧芹碎适量、盐1小匙、黑胡椒粗粒1/4小匙

▶做法

1. 将干牛肝菌洗净后加入饮用水中泡软，切小片。
2. 取一半泡软的牛肝菌片倒入果汁机中，搅打均匀成牛肝菌汁。
3. 将香菇洗净后切除菌柄，切成厚片备用。
4. 在平底锅中放入橄榄油及无盐奶油加热，待奶油熔化后放入洋葱片、蒜碎炒成金黄色。
5. 倒入牛肝菌汁及香菇、鸿喜菇、雪白菇、洋菇拌炒，加入白酒炒至酒精挥发后放入高汤，加盖焖煮约3分钟。
6. 将煮好的意大利米饭放入步骤5的锅中拌炒均匀。（意大利米饭的做法参考p.132）
7. 放入剩下的牛肝菌片拌炒均匀。
8. 熄火，起锅前加入起司粉、适量欧芹碎、盐、黑胡椒粗粒拌匀。盛盘，撒上适量欧芹碎。

4

5

6

8

意大利番茄腊肠炖饭

▶材料（2人份）

橄榄油3大匙、无盐奶油30克、洋葱片3大匙、蒜碎1/2大匙、沙拉米腊肠片150克、小番茄（切半）10个、姜黄粉1/2小匙、酸豆10克、鲜奶油60毫升、意大利米300克、起司粉50克、罗勒叶少许

▶做法

1. 在平底锅中放入橄榄油及无盐奶油加热，奶油熔化后放入洋葱片、蒜碎炒成金黄色。

2. 把沙拉米腊肠片及小番茄放入锅中，中火拌炒。

3. 依序放入姜黄粉、酸豆、鲜奶油，拌煮约3分钟。

4. 将煮好的意大利米饭放入锅中。（意大利米饭的做法参考p.132）

5. 熄火，起锅前放入起司粉拌匀。

6. 盛盘，撒上切好的罗勒叶。

1

2

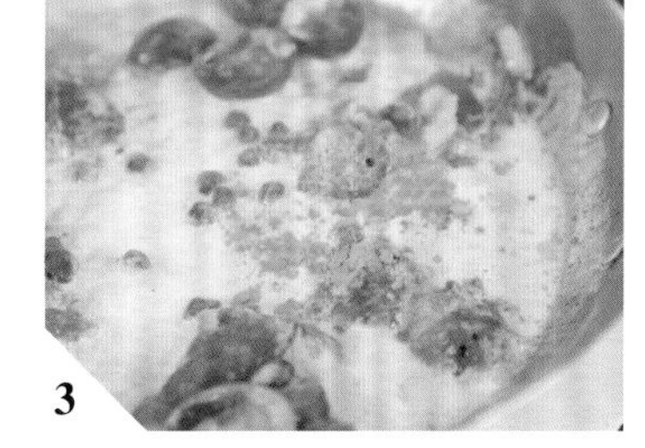
3

4

Tips

· 沙拉米腊肠的英文名“salami”又译为“意大利香肠”，为欧洲的一种风干猪肉香肠，常见于欧美国家的超市、肉食店。其与普通香肠类似，为欧洲许多国家的人们日常食用的肉类制品，常用于制作开胃菜、吐司面包馅料或下酒菜，也可用来制作比萨、拌沙拉等。

Chapter

西班牙料理

西班牙的许多不同地区，各有不同的料理手法和代表菜。本章收录了传统形态和创新形式的西班牙料理，烹调手法简单，让你在家就能做出媲美高级餐厅菜品的料理，它们也很适合拿来宴客。

料理专家简介 Profile

丹尼尔·尼格雷亚（Daniel Negreira）

丹尼尔从小生长在以农业为主产业的岛上，他喜欢各种天然的食物，坚持采用当令的食材。他坚信，食材的价值不在于它的价格高低，而在于它背后的创意运用。他擅长从传统的西班牙菜出发，从古老的食谱中汲取养分，经过改良与创新，采用中国台湾当地的食材和进口食材，做出不失原味的西班牙料理。“热情”和“创意”是他从事料理创作的两大支柱。

丹尼尔曾师从几位西班牙名厨，得过几次奖，包括包吉兹（Bocuse d'Or）国际烹饪大赛巴斯克自治区最佳年轻厨师奖。他在欧洲几家餐厅待过之后，移居中国台湾，在这个岛上开始了个人料理的创作。

| 葡萄牙天然海盐 |

葡萄牙的盐沼及其中的天然海盐，曾因国家的过度工业化而几乎绝迹，国家公园的创建使盐沼得以留存。传统收盐法将海水中的矿物质保留在盐中，盐的风味与一般工业盐截然不同。纯净的盐是由太阳晒出的天然结晶，调味时只需要轻撒一些。
可搭配煮鸡蛋、生菜、生腌肉或鱼片、马兹瑞拉起司、鹅肝。

| 无花果香巴萨米可醋 |

装在玻璃瓶中、带着樱桃和无花果香的巴萨米可醋，只需几滴，就能为肉、沙拉和甜点增添风味。无花果的香气与摩典纳酒醋的味道和谐相融，将地中海风情完整地封存在瓶中。
可搭配菊苣沙拉拌核桃、帕玛火腿佐羊奶起司串、鹅肝、嫩鸭、洋葱酸酱、茄片、帕玛森起司、蓝起司佐杏仁、洋梨、香草霜淇淋。

| 安东尼卡农顶级冷压橄榄油 |

安东尼卡农顶级冷压橄榄油冒烟点高，无论煎、焙烤、调腌料或炸都非常合适，是一种多用途的料理油品，也是令人惊艳的高价值油品。
产地在西班牙，制造商为安东尼卡农（Antonio Cano），所用的橄榄品种有阿尔贝戈娜（Arbequina）、欧西布兰卡（Hojiblanca）、帕加瑞纳（Pajarera）。

料理专家简介 Profile

丹尼尔·尼格雷亚
（Daniel Negreira）

丹尼尔从小生长在以农业为主产业的岛上，他喜欢各种天然的食物，坚持采用当令的食材。他坚信，食材的价值不在于它的价格高低，而在于它背后的创意运用。他擅长从传统的西班牙菜出发，从古老的食谱中汲取养分，经过改良与创新，采用中国台湾当地的食材和进口食材，做出不失原味的西班牙料理。“热情”和“创意”是他从事料理创作的两大支柱。

丹尼尔曾师从几位西班牙名厨，得过几次奖，包括包吉兹（Bocuse d'Or）国际烹饪大赛巴斯克自治区最佳年轻厨师奖。他在欧洲几家餐厅待过之后，移居中国台湾，在这个岛上开始了个人料理的创作。

| 葡萄牙天然海盐 |

葡萄牙的盐沼及其中的天然海盐，曾因国家的过度工业化而几乎绝迹，国家公园的创建使盐沼得以留存。传统收盐法将海水中的矿物质保留在盐中，盐的风味与一般工业盐截然不同。纯净的盐是由太阳晒出的天然结晶，调味时只需要轻撒一些。
可搭配煮鸡蛋、生菜、生腌肉或鱼片、马兹瑞拉起司、鹅肝。

| 无花果香巴萨米可醋 |

装在玻璃瓶中、带着樱桃和无花果香的巴萨米可醋，只需几滴，就能为肉、沙拉和甜点增添风味。无花果的香气与摩典纳酒醋的味道和谐相融，将地中海风情完整地封存在瓶中。
可搭配菊苣沙拉拌核桃、帕玛火腿佐羊奶起司串、鹅肝、嫩鸭、洋葱酸酱、茄片、帕玛森起司、蓝起司佐杏仁、洋梨、香草霜淇淋。

| 安东尼卡农顶级冷压橄榄油 |

安东尼卡农顶级冷压橄榄油冒烟点高，无论煎、焙烤、调腌料或炸都非常合适，是一种多用途的料理油品，也是令人惊艳的高价值油品。
产地在西班牙，制造商为安东尼卡农（Antonio Cano），所用的橄榄品种有阿尔贝戈娜（Arbequina）、欧西布兰卡（Hojiblanca）、帕加瑞纳（Pajarera）。

意大利番茄粉

用意大利北方波河平原采收的熟美番茄制成的红色番茄粉，天然、不含添加剂，忠实呈现意大利艳阳下的番茄的香浓美味。可将其轻撒在菜肴上进行最后的调味，也可添加水和橄榄油做成酱料，还可代替新鲜番茄作为装饰。
可搭配沙拉、吐司、汤品、水煮蔬菜、意大利面、调味酱等。

特制薄荷橄榄油

特制薄荷橄榄油是一种由橄榄油与薄荷叶混合制成的调味油。来自意大利的新鲜薄荷，采收后几小时内就要与橄榄油一同压榨。制造方式有两种：冬天用石磨一起压榨薄荷叶和橄榄油，夏天则是将薄荷叶浸泡在橄榄油中。
可淋在麦粒番茄生菜沙拉、北非小米饭、鸡豆沙拉、羊肉、番茄佐羊乳酪意大利面沙拉上。用在水果或甜点中同样相当美味：可淋在梨和杧果上，也可加在布朗尼料理粉中。

摩典纳酒醋

此为O & CO.（橄榄饮食与有机保养专卖店）的热销产品，完全依循古法酿造，具有很高的品质。以传统工序制作，酒醋在橡木桶中慢慢熟成，直到甜酸达到完美平衡，展现如蜜糖般的稠厚质地，在木桶中长时间熟成提取出酒醋特有的香气。
可淋在烤过的肉、蔬菜甚至甜点上。

特制辣椒橄榄油

将来自智利或意大利卡拉布里亚区的新鲜辣椒和橄榄一同压榨，在榨取过程中添加柠檬成功地平衡了辣椒的呛辣，橄榄油拥有辣椒的香气而不会过度改变料理风味。只需微量淋上该油就能提味。
可搭配比萨、意大利面、烤肉、炒蛋、调味料等。

黑松露油

O & CO.将来自意大利皮埃蒙特区的黑松露（及白松露）与来自意大利南方的橄榄油融成黑松露油，只需几滴便足以给冷盘或热料理带来更深层的美味。
可少量淋在意大利面、蔬菜料理、蘑菇饭、干贝和蛋上来点缀。

传统海鲜汤

▶材料

洋葱1个、番茄1个、胡萝卜1根、韭菜1根、大蒜2瓣、安东尼卡农顶级冷压橄榄油50克、虾8只、蛤蜊8只、贻贝8只、红鲣600克、欧芹10克、水1½升、大米40克、月桂叶适量、盐适量、蟹螯4只、初榨橄榄油10克

▶做法

1. 将蔬菜（欧芹除外）切丁，在大锅中用冷压橄榄油炒成金黄色。放入4只虾，快炒至变红。再放入4只蛤蜊和4只贻贝，炒到壳开为止。去壳后，把肉放回锅中；带壳的虾则留在锅里。

2. 取红鲣肉，切成8片。

3. 将红鲣鱼头、鱼骨和欧芹放入水中一起煮汤。将汤煮滚，滤掉鱼骨和鱼头。把鱼汤倒入步骤1的锅中，放入大米，加入月桂叶，一起煮30分钟。

4. 放入4片红鲣肉（留4片备用），再煮5分钟。将锅里的材料搅拌一番后，用网筛过滤，留汤。可加适量盐调味，但要记住，海鲜里的蛤蜊本身就带有咸味。

5. 将剩下的4片红鲣肉、4只蟹螯、4只蛤蜊、4只贻贝和4只虾放入海鲜汤中煮。煮熟后，用漏勺捞起，盛盘，汤则用不同的碗盛。上菜前，在海鲜上面滴几滴初榨橄榄油。

Tips

- 西班牙海岸线长，许多小渔港边都有好喝的海鲜汤。用鱼骨、虾壳熬出来的鲜美汤头，滋味真是美极了！

新派什蔬烩蛋

▶材料

茄子100克、西葫芦100克、胡萝卜100克、洋葱100克、番茄100克、青椒100克、红椒100克、法国面包50克、红椒粉5克、鸡蛋4个、欧芹末20克、盐适量、黑胡椒粉适量、安东尼卡农顶级冷压橄榄油50克

▶做法

1. 按照传统做法，将茄子、西葫芦、胡萝卜、洋葱、番茄、青椒、红椒切丁（大小约1厘米×3厘米）。锅中倒点橄榄油，每一种菜分开炒至半熟、仍脆脆的程度即可。

2. 将法国面包切丁后烤，烤好后撒上红椒粉。

3. 用一个咖啡杯和保鲜膜做“蛋花”：撕一片保鲜膜，大小约15厘米×15厘米，覆到咖啡杯内，贴紧杯壁；在杯里倒点橄榄油，把鸡蛋打进去，加点欧芹末、盐和黑胡椒粉；将保鲜膜包起来，抓成花形，用束带绑紧；用水煮（普通大小的鸡蛋约煮4分钟）。

4. 将蔬菜盛到盘中，用模具箍成圆形。将保鲜膜打开，将蛋花倒在蔬菜上。用面包丁装饰，再滴上橄榄油。

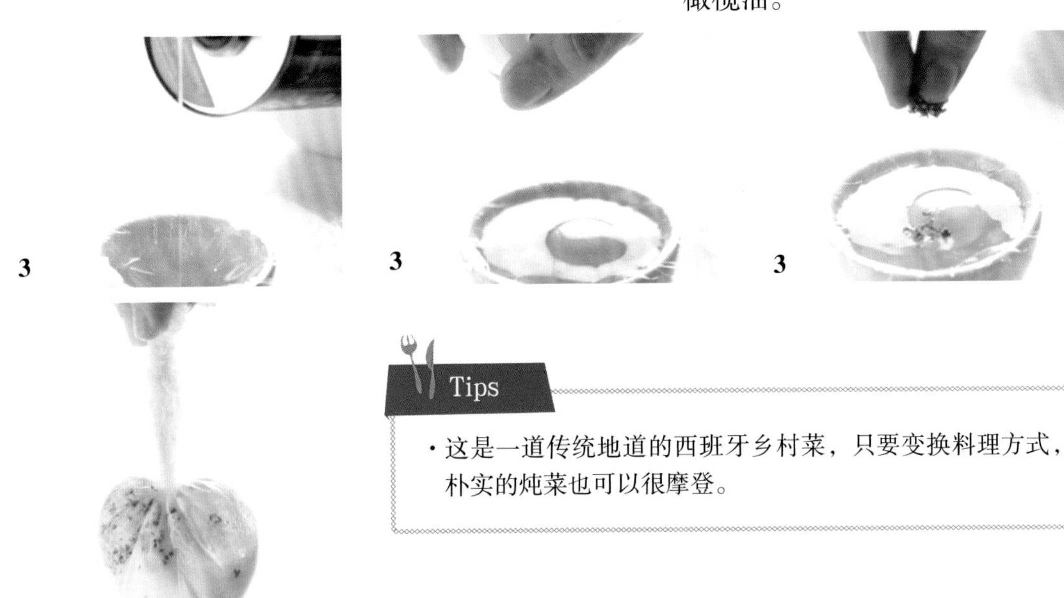

Tips

· 这是一道传统地道的西班牙乡村菜，只要变换料理方式，朴实的炖菜也可以很摩登。

传统西班牙蛋饼

▶材料

马铃薯600克、洋葱100克、大蒜20克、橄榄油200克、鸡蛋8个、欧芹10克

▶做法

1. 将马铃薯削皮之后切片，切得越薄越好。洋葱和大蒜切碎。用橄榄油爆香洋葱和大蒜，并将马铃薯片炒至变软，将剩下的油过滤之后备用。

2. 将鸡蛋加入炒熟的马铃薯中，用打蛋器打约1分钟，直到鸡蛋与马铃薯完全混合。

3. 在一个平底锅中放入一点橄榄油，加热至非常滚烫之后转成小火，再加入拌匀的鸡蛋和马铃薯，稍微搅拌之后慢煎。

4. 1分钟后，用一个盘子盖住，将蛋饼倒扣在盘子上。之后将锅放回炉子上，加一些橄榄油，将翻面的蛋饼煎成金黄色。盛盘之后用欧芹装饰。

- 鸡蛋的新鲜度非常重要。
- 这是一道几乎所有西班牙妈妈都会做的家常菜。每个人都有自己的私房食谱。

传统牛肝菌黑松露煎蛋

▶材料

牛肝菌200克、安东尼卡农顶级冷压橄榄油10克、盐5克、黑胡椒粉5克、鸡蛋4个、黑松露碎2克

▶做法

1. 将牛肝菌切块，用橄榄油（加盐和黑胡椒粉）炒香。
2. 牛肝菌一软，倒入打好的鸡蛋，用文火煎至呈浅黄色。
3. 煎好后，撒上黑松露碎，立即食用。

Tips

· 经典的松露煎蛋来自法国南部。而西班牙的西北部树林里也产黑松露，当地最常见的烹饪方法正是做成煎蛋，偶尔会加入气味浓郁的牛肝菌。

传统加利西亚章鱼盘

▶材料

大章鱼1只（3千克）、洋葱1个、盐适量、月桂叶适量、红椒粉15克、初榨橄榄油100克、葡萄牙海盐适量

▶做法

1. 将大章鱼洗净。

2. 在大锅中倒入8升滚水，加盐、月桂叶，放入剥好的洋葱，再放入大章鱼，用中火煮1小时。

3. 捞出大章鱼，切片，加入红椒粉、初榨橄榄油和海盐，即可食用。

Tips

· 加利西亚自治区以多种海鲜著称，章鱼盘是该区的经典菜。传统章鱼盘的做法简单，只要材料够新鲜怎么做都好吃。

传统什蔬
松子炖鸡肉

▶材料

鸡胸肉400克、马铃薯200克、胡萝卜1根、雪莉酒醋或红酒醋适量、清水适量、杏仁20克、松子40克、欧芹适量

▶做法

1. 将鸡胸肉切块，在砂锅中煎至表面焦脆，取出。将马铃薯和胡萝卜切块（与鸡肉同样大小）。

2. 将鸡肉、马铃薯和胡萝卜放入平底锅中，一起炒至蔬菜表面焦黄，加入酒醋，煮至水几乎完全蒸发。

3. 将鸡肉、马铃薯和胡萝卜放回砂锅中，加清水至盖住全部材料，煮到马铃薯变软即可。上菜前，可加一些杏仁、松子和剁碎的欧芹。

Tips

- 若用红酒醋，可以加少许糖来提味。
- 传统什蔬松子炖鸡肉来自西班牙中部地区，最大特色是使用大量的红酒醋或雪莉酒醋炖煮鸡肉和蔬菜。圣诞节前后它常出现在西班牙人的餐桌上。

传统西班牙墨汁乌贼炖饭

▶材料

乌贼400克、洋葱50克、红椒20克、青椒20克、大蒜10克、新鲜乌贼墨汁200克、鱼汤180克、安东尼卡农顶级冷压橄榄油25克、大米200克、盐适量、初榨橄榄油少许、欧芹叶少许

▶做法

1. 轻轻搓洗乌贼，去除内脏，留下身体和腕足。乌贼身体切片，约2厘米宽，一半烹饪用，一半留作摆盘装饰。

2. 将洋葱、红椒、青椒和大蒜切丁，备用。再将墨汁倒入鱼汤中煮开，拌成黑色的高汤。

3. 在海鲜饭专用锅中倒入冷压橄榄油，放入蔬菜丁炒香，倒入乌贼片炒熟。再倒入大米和盐炒30秒，拌匀后，倒入黑色高汤，转中小火煮10分钟，让米饭吸饱酱汁。熬煮时千万不要刮到锅底，否则会搅到黏稠的那一层（闻起来可能会有点焦味，但没有关系）。

4. 起锅，移入烤箱，续烤6分钟后，将留下来的乌贼片和腕足摆到饭上，再烤1分钟。起锅后淋上初榨橄榄油，并用欧芹叶装饰。

Tips

・这是一道经典料理，正统的墨汁炖饭只用乌贼烹制。

传统西班牙海鲜锅巴饭

▶材料

大蒜2瓣、青椒1个、红椒1个、番茄1个、洋葱1个、安东尼卡农顶级冷压橄榄油25克、大米100克、番红花1克、匈牙利红椒粉1克、西班牙香肠40克、鸡肉40克、乌贼1只、鱼汤200克、大蛤蜊4只、鲈鱼肉80克、活贻贝4只、虾4只（1千克10～14只）、柠檬1个、初榨橄榄油25克

▶做法

1. 将大蒜、青椒、红椒、番茄和洋葱切片，放进海鲜饭专用锅中，倒入冷压橄榄油，稍微炒一下。倒入大米，翻炒30秒。再加入番红花和红椒粉，再次翻炒。

2. 陆续加入西班牙香肠、鸡肉和切片的乌贼，再炒30秒。

3. 倒入鱼汤，不要再搅拌，用中火煮10分钟后，放入蛤蜊、鲈鱼肉、贻贝和虾，煮到米饭吸饱汤汁（约再煮5分钟，共15分钟）。静置2分钟，上桌前加入柠檬块和初榨橄榄油。

Tips

· 起源于西班牙东南部巴伦西亚的海鲜饭，堪称西班牙“国菜”，锅底的一层焦脆锅巴是老饕的最爱。

有妈妈味道的传统炖肉

▶材料

黑胡椒粉适量、盐适量、牛颊肉800克、安东尼卡农顶级冷压橄榄油适量、胡萝卜200克、番茄1个、青椒1个、红椒1个、新鲜青豆200克、大蒜2瓣、红酒1升、清水适量、新鲜迷迭香10克、美国大马铃薯2个

▶做法

1. 将黑胡椒粉和盐涂抹于牛颊肉上。在一个大平底锅中，用橄榄油将牛颊肉的表面煎成焦黄色。将牛颊肉从锅中取出，加入青豆和切好的蔬菜丁（除迷迭香和马铃薯以外），将其慢慢炒熟。

2. 取出所有蔬菜，将剩下的油留在锅中，并将牛颊肉放回锅中，加入红酒（要小心，可能会起火）。将红酒煮至几乎完全蒸发，之后加入清水直到盖住所有材料，再加入新鲜迷迭香，慢炖约3小时直到肉烂为止。

3. 将马铃薯切块，用橄榄油炸至香脆金黄备用。将其他所有的材料放入锅中，用大火煮10分钟。

4. 千万不要用汤匙搅拌锅中的料，以免“骨肉分离”，轻轻摇晃锅来混合所有材料即可。

Tips

· 有妈妈味道的料理是百吃不厌的美味。中国有红烧肉，而西班牙有传统的红酒香料炖肉。

传统西班牙焦糖肉桂海绵蛋糕

▶材料

法国长棍面包1根、牛奶500毫升、鸡蛋4个、葵花籽油100克、糖200克、肉桂粉10克

▶做法

1. 将长棍面包切成薄片，拌入牛奶里，静置1小时左右。
2. 打散鸡蛋液。沥去长棍面包上多余的牛奶，再把浸湿的面包加入鸡蛋液中。
3. 用葵花籽油煎面包，沥去多余的油。最后撒上糖和肉桂粉装饰。

Tips

· 这是一道很经典的西班牙家常点心，也是利用吃不完的面包的好方法。做法与法式吐司类似。

中东地区对于很多人而言既神秘又陌生，不如就从食物开始认识吧！中东料理运用了许多辛香料，使其具有了独特滋味。本章教你如何应用身边的食材，稍作改良，做出美观、美味的中东家常菜。

料理专家简介 Profile

林幸香

从小就喜欢做菜，因此收集了很多报刊里的美食做法。在日本学习服装设计时认识了现在的丈夫，1979年意外地嫁到了科威特，开始在那里生活。家庭主妇的身份使她必须在厨房里舞刀弄铲，她还从邻居与亲戚那里学会了不少地道中东菜的做法。她曾三次宴请科威特国王，得到了不少赞赏，从此激发出烹饪的热情。

在北美与英国居住的时候，学会了更多异国料理的做法，动不动就做30人的宴客料理更是她生活的常态。旅居美国时走出家庭，积极参与侨界活动，开始了烹饪教学的生活。

黄栌香料

黄栌香料取自漆树果实磨成的粉末，颜色略带深红，是一种味道微酸的香料。用于中东料理与地中海料理，特别是可以用来炒肉与拌沙拉。

姜黄粉

姜黄粉广泛应用于东南亚、印度与中东料理中，是使用非常普遍的香料。芳香且带有姜的气味，吃起来有辛辣感。

椰枣

椰枣树是中东地区常见的植物，和中东人生活息息相关，树干、树叶、果实都广泛应用于中东人的生活中。晒干的椰枣可以入菜甚至当零食，更是斋月时期不可缺少的食物。富含纤维质和维生素，具有相当高的营养价值。

匈牙利红椒粉

匈牙利红椒粉是香料的一种，由红色辣椒风干磨碎制成，广泛应用于西班牙与匈牙利菜肴中。

山葵粉

山葵粉又称辣根粉，由山葵的根部或种子制作而成，味道呛辣，风味清新。也可做成酱料广泛使用。

莳萝子

莳萝子产于欧洲地中海地区。带有温和的香气，经常应用于鱼类料理和蔬菜料理中。

荞麦

荞麦种子呈三角形，经常去壳后磨成粉使用。营养价值高，有助于预防心血管疾病。中东小麦不易购得，可以用荞麦代替。

鹰嘴豆

鹰嘴豆又称雪莲子豆，是常见的中东料理食材。鹰嘴豆除了可炖肉和做成沙拉之外，也常制成豆泥，搭配各式食物。

| 孜然粉 |

孜然粉是历史悠久的肉类调味料与馅料材料。除了用于中东料理中之外，在欧洲也常用于鱼类烹调，在印度则用作咖喱香料，更常见于东南亚料理中。香味醇厚，性温，有驱寒理气之效。

| 番红花 |

番红花号称“香料女王”，是全世界价格最昂贵的香料之一。原产于地中海与中亚地区，是中东料理与地中海料理中经常使用的香料。可为料理增添美丽的颜色，最常见的料理就是番红花饭和西班牙海鲜饭。

| 咖喱粉 |

咖喱粉由多种香料混合而成，是非常常见的中东香料。风味浓烈，略带辛辣味。

| 口袋面包丁 |

口袋面包丁是中东常见的主食。面包切丁后放入烤箱烤脆，可用于沙拉中，也可当作零食。面包新鲜时可以冷冻保存比较久，但是要封紧口才不会干。

| 芝麻酱 |

中东料理中用的芝麻酱，味道不同于中式芝麻酱。通常与柠檬、盐和大蒜一起做成酱料，搭配蔬菜与肉类料理。

| 肉桂粉 |

肉桂粉具有独特香气，大量用于烘焙甜点，也用于肉类料理或汤品。

| 凯丽茴香 |

凯丽茴香产于欧洲。颜色较一般茴香深，带有水果清香，常和各式香料一起调制酱料。用于海鲜与肉类料理，也适合用于轻食沙拉与面包中。

| 杏脯 |

杏脯是将杏去核后晒干，再经过糖渍制作而成的。可以当作零食，也可用于烘焙食品，常用于中东鸡肉料理中，增添风味与口感。

豆蔻

豆蔻粉

豆蔻又称小豆蔻或绿豆蔻，自古即为印度料理所使用，有特殊的香气与风味。在中东料理中，经常用于炖肉或咖啡，也用于制作精油。

肉豆蔻

肉豆蔻产于印度尼西亚、马来西亚，可用作香料，也可药用。香气强烈，除了中东料理，也是印度料理和东南亚料理中常用的调味香料，适合用于肉类和烘焙食品。

黑豆蔻

黑豆蔻又称棕豆蔻，磨成粉之后可用于调制咖喱粉和辛香料。中东料理中多用于炖肉料理。

干辣椒

干辣椒在中东料理中用于炖肉，有特殊风味与香气。

咖喱叶

咖喱叶又称香叶，经常用于汤类和炖肉，可以增添风味与香气。除了中东料理，也经常见于东南亚料理与印度料理。新鲜咖喱叶与干咖喱叶都可使用。

柠檬叶

柠檬叶和干柠檬一样，是中东料理中常用来增添风味的食材，味道较新鲜柠檬浓郁。

薄荷叶（干）

不论是新鲜薄荷叶或干薄荷叶，都是中东料理中常出现的食材，大量用于沙拉、饮品、炖肉和点心。

滨豆

滨豆在中国台湾亦有扁豆之称。为印度常见食材，有多种颜色。因为营养丰富，广泛用于各种中东料理，例如沙拉、汤品与米饭；也可以与肉类和蔬菜一起煮。

干柠檬（整颗）

干柠檬（整颗）具有独特香气，大部分用在肉类料理与汤里。

库司库司

库司库司又称北非小米，是北非料理、地中海料理中常见的主食，也可用于沙拉。

玫瑰水

中东甜点与饮品中常用的浓缩的玫瑰水，只要一两滴就足以增添风味。

月桂叶

月桂叶味道辛辣、气味浓烈，常用于中东料理、地中海料理和东南亚料理。

香米

香米是一种有香味的长粒稻米，也就是印度米，不同于泰国香米。

希腊优格

无脂原味的希腊优格，常用于中东料理，可加水稀释作为饮品，也常用于沙拉。

黑橄榄、绿橄榄

一般常见的橄榄有绿色与黑色两种：绿橄榄是未成熟时采收的，果实结实；黑橄榄则是成熟后才采收的，果实较柔软。橄榄多经过腌制后才入菜，常用于开胃轻食与沙拉。

摩洛哥式和红椒式鹰嘴豆泥

A.摩洛哥式鹰嘴豆泥

▶材料

鹰嘴豆（干）1杯、大蒜2瓣、香菜1大匙、橄榄油1大匙、芝麻酱2大匙、柠檬（挤汁）1个、盐1/4小匙、匈牙利红椒粉1/4小匙、孜然粉1/4小匙

▶做法

1. 将鹰嘴豆泡水30～60分钟，之后捞起。
2. 将大蒜磨成泥，香菜切碎。用橄榄油将蒜泥与香菜碎炒香，但是不能炒到焦，要保持香菜的绿色。
3. 准备一个锅，加入水和步骤1泡好的鹰嘴豆同煮，煮到鹰嘴豆软后捞起放凉。
4. 将煮好的鹰嘴豆放入搅拌机或果汁机中，加入芝麻酱、柠檬汁、盐、匈牙利红椒粉、孜然粉和步骤2炒香的蒜泥、香菜碎，打成泥即可。

B.红椒式鹰嘴豆泥

▶材料

红椒2个、鹰嘴豆（干）1杯、芝麻酱2大匙、柠檬（挤汁）1个、大蒜2瓣、香菜1大匙、橄榄油1大匙、盐1/4小匙、匈牙利红椒粉1/4小匙、孜然粉1/4小匙、黑胡椒粉1/4小匙、白胡椒粉1/4小匙

▶做法

1. 将红椒洗净，放入烤箱以200℃烤至红椒皮上出现水泡状物。将烤好的红椒放凉，用手将皮剥掉，去除籽备用。
2. 将鹰嘴豆泡水30～60分钟，之后捞起。
3. 准备一个锅，加入水和步骤2泡好的鹰嘴豆同煮，煮到鹰嘴豆软后捞起放凉。
4. 将煮好的鹰嘴豆放入搅拌机或果汁机中，加入步骤1烤好的红椒和其他材料，打成泥即可。

黎巴嫩沙拉

▶材料

全麦口袋面包1片、橄榄油适量、洋葱（大）1/2个、小黄瓜3根、萝蔓生菜1/2棵、番茄1个、葱2根、薄荷1小把（或干薄荷1大匙）、黄栌香料少许

▶酱汁

大蒜2瓣、柠檬（挤汁）1个、橄榄油约2个柠檬挤出的汁的量、盐1/2小匙、胡椒粉1小匙、蜂蜜1/2大匙

▶做法

1. 将酱汁材料中的大蒜切末。
2. 将柠檬挤出汁，加入柠檬汁2倍量的橄榄油，再加入盐、胡椒粉、蜂蜜和蒜末拌匀成酱汁，备用。
3. 将口袋面包切成小丁，撒在烤盘上，淋一些橄榄油，再放入烤箱烤至酥脆焦黄。
4. 将洋葱切细丁，小黄瓜切丁，萝蔓生菜切成5毫米宽的细丝，番茄去籽切小丁，葱切葱花。
5. 将步骤4的材料放入大碗中，加入切碎的薄荷和黄栌香料拌匀。食用前加入酱汁和烤面包丁拌匀即可。

Tips

· 口袋面包可以用任何烤脆的干面包替代。
· 黄栌香料（sumac）源自亚热带灌木漆树，它生长范围广，主要产于非洲与北美洲。阿拉伯语称该香料为summap，在叙利亚语中是“红色”的意思。该香料略带酸味，因其酸味，适合用于各式鱼类料理、鸡肉料理、沙拉和米食，生食洋葱时也可以加上一点，或是取代柠檬汁来调味。

羊奶起司沙拉

▶材料

小黄瓜3根、胡萝卜（中型）1/2根、番茄2个、洋葱1/4个、绿橄榄适量、萝蔓生菜少许、葱3根、大蒜1小匙、羊奶起司适量、盐1小匙、胡椒粉1小匙、橄榄油2大匙、柠檬汁（或白酒醋）1大匙、芥末酱适量

▶做法

1. 将小黄瓜洗净切丁，胡萝卜去皮切丁，番茄切丁，洋葱去皮切丁，绿橄榄切丁，萝蔓生菜洗净切细丝，葱切葱花，大蒜切末，羊奶起司用手剥成小块。

2. 将步骤1的材料放入大碗中拌匀，再加入其他材料拌匀即可。

Tips

· 这道沙拉非常普遍，只要再烤上两片口袋面包，就是方便又有营养的午餐。

焖蔬菜

▶材料

橄榄油少许、洋葱1个、番茄6个、胡萝卜（大）1根（或小的3根）、西芹3根、红椒1个、青椒1个、茄子2个、西葫芦3个、卷心菜1/2棵、水适量、盐适量、胡椒粉少许

▶做法

1. 洗净所有的蔬菜，洋葱切丁，卷心菜切片，其余切成小滚刀块。

2. 先用橄榄油将洋葱丁炒香，再依序放入其他蔬菜（除卷心菜之外）炒，然后转小火焖煮。加入水、盐、胡椒粉，继续煮约25分钟。

3. 起锅前加入卷心菜再煮约5分钟即可。

・不要加太多水，因为蔬菜本身含有水分，蔬菜原汁更美味。

四季豆炖番茄

▶材料

洋葱（大）1个、番茄6个、四季豆600克、大蒜适量、橄榄油少许、罗勒叶适量、盐少许、白胡椒粉适量

▶做法

1. 将洋葱去皮切小丁。番茄切小丁。四季豆洗净，去筋后切段。大蒜切末。

2. 用橄榄油炒香洋葱，再加入番茄丁，煮至番茄变软时加入四季豆，煮至四季豆微软、约九成熟时，加入罗勒叶再煮5分钟。

3. 起锅前加入盐和白胡椒粉调味，最后加入蒜末即可。

· 番茄买回来后，要放在室温下通风良好的地方，待数天后番茄熟了、红了，此时再入菜，番茄的香味才会散发出来，同时菜的颜色也较美丽。

阿尔及利亚炸三角

▶材料（12个）

欧芹1/2杯、春卷皮600克、洋葱1/2个、橄榄油适量、绞牛肉（或绞鸡肉）200克、盐适量、胡椒粉少许、鸡蛋12个

▶做法

1. 将欧芹切碎。春卷皮用刀切成正方形。洋葱去皮，切成小丁。

2. 用橄榄油将洋葱炒香，再加入绞牛肉同炒，肉炒干后加入盐和胡椒粉调味。

3. 将春卷皮摊开，左上方先放上1大匙炒好的绞牛肉，再将绞牛肉做成一个圈，中间打上1个鸡蛋，加上欧芹碎，再将春卷皮对折成三角形。

4. 锅中加热橄榄油，将做好的三角形春卷拿好，放入油锅中炸，用中小火将春卷皮炸至金黄酥脆即可。

Tips

- 步骤3打鸡蛋时，可以预留一些鸡蛋液，用于黏合春卷皮。
- 这道料理是北非常见的食物，可当作前菜，也可当作点心，类似中国的炸春卷。

摩洛哥汤

▶材料

仔牛肉300克、洋葱1/2个、番茄2个、胡萝卜1/2根、香菜适量、欧芹1把、柠檬2个、鸡蛋1个、奶油1小块、盐少许、胡椒粉少许、水适量、姜粉或姜末1大匙、番红花7～8根、大米1/4杯、鹰嘴豆1/2罐（约300克）、滨豆1/4杯、番茄糊2大匙

▶做法

1. 将仔牛肉切小丁，洋葱切小丁，番茄去皮切小丁，胡萝卜去皮切小丁，取4把香菜切碎，欧芹切碎，柠檬挤汁，鸡蛋打散。

2. 用奶油炒香洋葱丁，再加入仔牛肉丁炒熟。加入香菜碎和欧芹碎，再加入番茄丁和胡萝卜丁，用盐和胡椒粉调味后，加水盖过材料。煮滚，然后用慢火煮约30分钟。

3. 掀盖，加入姜末和番红花，再加入大米、鹰嘴豆和滨豆。煮到鹰嘴豆、滨豆和大米熟透，加入番茄糊继续焖煮约30分钟。

4. 起锅前加入柠檬汁和鸡蛋液，再焖煮一下。最后加入适量香菜即可。

Tips

・这道料理适合在斋月时期食用，既有营养又暖胃，再加上一些椰枣就可以了。

番红花饭

材料

洋葱2个、大蒜2瓣、香菜1/4杯、香米4杯、鸡高汤（或素高汤）4杯、番红花7～8根、橄榄油少许、姜末1小匙、咖喱叶6片（或干柠檬皮2片）、柠檬皮丝适量、柠檬汁1/4杯、松子少许

做法

1. 将洋葱去皮切小丁，大蒜磨成泥，香菜切碎，香米洗净后沥干。
2. 将鸡高汤煮滚后加入番红花，关火后盖上锅盖闷约15分钟。
3. 用橄榄油将洋葱丁炒香，加入姜末和蒜泥，再加入咖喱叶和柠檬皮丝同炒。然后加入洗好沥干的香米一起炒。
4. 将步骤3的材料加入步骤2的鸡高汤锅中，煮滚后转小火继续煮5～10分钟。煮至米饭快熟时加入柠檬汁和香菜碎，盖上锅盖再焖约5分钟。食用前撒上松子。

Tips

· 若番红花放久了潮湿变得不新鲜，可以用干锅再炒香，炒完后磨成粉末即可。

蔬菜饭

▶材料

香米2杯、洋葱1个、青椒1个、红椒1个、番茄2个、姜1小块、辣椒1个、马铃薯1个、水3杯、橄榄油适量、胡萝卜丁1/2杯、青豆1/2杯、玉米粒1/2杯、盐少许、胡椒粉少许、姜黄粉（turmeric）1/4小匙、咖喱粉2大匙、炸松子或杏仁片少许

▶做法

1. 将香米洗净后沥干，洋葱去皮切小丁，青椒、红椒和番茄切小丁，姜切细末，辣椒切小段，马铃薯去皮切成圆片。

2. 取一个锅，放入香米，加3杯水，煮至半熟后将多余的水沥干。

3. 用橄榄油炒香洋葱丁，再依序加入姜末、青椒丁、红椒丁、番茄丁、胡萝卜丁、青豆和玉米粒拌炒，之后用盐和胡椒粉调味，再加入辣椒段和姜黄粉炒香，最后加入咖喱粉炒匀。

4. 取一个烤盘，先用马铃薯片铺底，接着铺上一层步骤3炒好的材料，再铺上一层半熟的香米，重复铺上马铃薯片、步骤3的材料、香米，最后盖上一层锡箔纸，放入烤箱以200℃烤约30分钟至香米熟为止。

5. 食用前可以撒上炸松子或杏仁片增加风味。

姜黄鸡肉饭

▶材料

香米3杯、鸡腿4只、洋葱2个、胡萝卜2根、马铃薯2个、水4½杯、豆蔻粉1/4小匙、丁香粉1/4小匙、番红花15～20根、姜黄粉2小匙

▶做法

1. 将香米洗净后沥干，再泡水。

2. 将每只鸡腿剁成3块，共12块。洋葱去皮切碎丁。胡萝卜和马铃薯去皮，切滚刀块。

3. 准备一个深锅，放入鸡腿煎至两面呈金黄色。将鸡腿拿出，用锅中的鸡油将洋葱丁炒香，之后将鸡腿倒回锅中，加水1½杯，差不多刚好盖过鸡腿，加入豆蔻粉、丁香粉、番红花、姜黄粉，再加入胡萝卜块同煮。

4. 煮至胡萝卜快熟时，加入马铃薯块继续煮。煮至马铃薯快熟，锅中的水只剩下约1/4杯时，加入泡过的香米和3杯水，用大火煮滚。

5. 煮滚后先转中火继续焖煮，煮至水快收干时转为小火，继续焖煮10～15分钟即可。

Tips

· 香米不能泡太久，以免碎掉，泡3～5分钟即可。

阿拉伯比萨

▶面团

面粉3杯、快速发酵粉3小匙、色拉油1/3杯、盐少许、糖1/2大匙、温水少许

▶内馅

洋葱1个、橄榄油适量、绞牛肉（或绞鸡肉）300克、肉豆蔻粉1/4小匙、盐少许、胡椒粉少许、优格适量

▶做法

1. 取一个盆，放入所有面团材料搅拌均匀，之后盖上一条湿热毛巾让面团发酵，视室温发酵1～3小时。

2. 也可将烤箱预热至100℃，然后将电源关掉，打开烤箱门约10秒后，将面团放入烤箱中发酵。（适用于冬天）

3. 将洋葱去皮切小丁。烤箱预热至350℃。

4. 用橄榄油将洋葱丁炒香，再放入绞牛肉炒至水收干。加入肉豆蔻粉、盐和胡椒粉调味，关火后加入优格拌匀。

5. 取出发酵好的面团，用手揉匀后让面团再发酵一次。之后将二次发酵好的面团揉成横切面直径约8厘米的长条，再切成1厘米厚的面皮。

6. 用手将每一片切好的面皮从中间往外围推，推至剩下约1厘米的距离为止。再挖1汤匙步骤4炒好的内馅放在面皮中间铺平。

7. 面皮底下蘸一点油（分量外），放在烤盘上，再将烤盘放入烤箱，以250℃烤15～20分钟至外皮酥脆为止。

· 在中东地区，人们吃这道比萨时，会配上小黄瓜片和加了盐、蒜末的酸奶酪一起吃。

库司库司佐炖牛肉蔬菜

▶材料

洋葱2个、青椒2个、番茄6个、胡萝卜2根、白萝卜1/2根、南瓜1/4个、西葫芦2个、大头菜1/4个、卷心菜1/4棵、香菜1把、牛腱500克、库司库司1/2杯（1人份）、水适量、橄榄油2大匙、牛至奶油2大匙、番红花3～6根、姜黄粉1/2小匙、盐适量、胡椒粉少许

▶淋酱调味料

白醋少许、蒜末少许、辣椒酱少许

▶做法

1. 将洋葱去皮切小丁，青椒切细丁，番茄切小丁，胡萝卜、白萝卜去皮切长条，南瓜和西葫芦洗净后切长条，大头菜切长条，卷心菜洗净后切长片，香菜切碎。

2. 将牛腱切薄片，放入平底锅煎至上色，备用。

3. **制作淋酱：**取一些胡萝卜长条，切成小薄片，加上白醋、蒜末和辣椒酱拌匀，酱汁要盖过胡萝卜。

4. **煮库司库司：**在库司库司中加点盐。第一次加水到库司库司湿透。等膨胀后抓松，再洒水。第三次洒完水刚好有点湿，加盖放入微波炉中加热至烫；如果用康宁锅就需要煮15～20分钟。如果还没煮透，再加水放入微波炉加热至熟。没有微波炉就直接在锅中加开水，要刚好盖过库司库司，盖上盖子闷一下；如不够软再加一些开水，加盖再闷至软弹。

5. 用橄榄油炒香洋葱丁，加入牛至奶油、番红花和姜黄粉同炒。之后加入青椒丁和番茄丁，加入盐和胡椒粉调味，再加入煎过的牛腱片煮至略为软烂。

6. 加入胡萝卜条、1/2量的香菜碎和白萝卜条，加些水煮滚后，转中火继续煮至胡萝卜、白萝卜熟为止。

7. 加入南瓜、西葫芦、大头菜再煮约5分钟。加入卷心菜，煮至卷心菜软后加入剩下的香菜碎。将做好的炖牛肉蔬菜盛到库司库司上。

8. 食用前淋上步骤3的淋酱即可。

Tips

- 可以用羊肉或鸡肉取代牛腱；或者完全不放肉，变成炖蔬菜料理。
- 牛至奶油的做法：取200克奶油，用小火煮至油奶分离，加入1大匙牛至炒香，加适量盐调味。放凉后可装入玻璃瓶，冷藏可保存大约6个月。

中东式秋葵炖羊肉

▶材料

去骨羊肩肉500克、蒜泥2大匙、洋葱1个、番茄3个、秋葵600克、橄榄油少许、盐少许、胡椒粉适量、水适量、干柠檬2个（或干柠檬叶2片）、番茄糊1大匙、香菜2大匙

▶腌肉材料

优格3大匙、大蒜3瓣、柠檬汁1大匙、肉豆蔻粉1/4小匙、肉桂粉1/4小匙、丁香粉1/4小匙、黑胡椒粉1/4小匙、香菜粉1/4小匙

▶做法

1. 切去去骨羊肩肉的肥肉部分，剩下的切成块状。将腌肉材料中的大蒜磨成泥。

2. **腌羊肉：**将所有腌肉材料拌匀，放入羊肉块搅拌，再放入塑料袋中，放入冰箱冷藏，腌至第二天。

3. 将洋葱去皮切丁。番茄切丁。秋葵去蒂，周围一圈黑黑的线要用小刀轻轻削除。

4. 用少许橄榄油炒香洋葱丁，再放入腌羊肉（不要黏附太多腌料，腌料丢弃不用）炒至羊肉上色。加入盐和胡椒粉，再加水盖过肉块，然后加入干柠檬和番茄丁，一起炖煮30～60分钟至羊肉软烂。

5. 将羊肉捞起，锅中留汁，放入秋葵煮约15分钟。加入蒜泥和之前捞起的羊肉再煮，可以视汤汁味道酌量添加番茄糊。最后加入香菜即可。

咖喱虾

▶材料

虾仁1千克、柠檬1个、香菜适量

▶咖喱酱

洋葱（大）5个、大蒜2瓣、拇指大的姜块1块、番茄5个、丁香4粒（或丁香粉1/4小匙）、橄榄油3大匙、优格400克、辣椒粉1½小匙、香菜粉1½小匙、盐1½小匙、姜黄粉1/4小匙、凯丽茴香粉1小匙、香菜1把、番茄糊1小罐

▶做法

1. **制作咖喱酱：**将洋葱去皮切丝，大蒜和姜分别磨成泥，番茄切小丁，丁香磨成粉。

2. 准备一个深锅，用橄榄油炒香洋葱丝，炒至呈现浅褐色时加入姜泥继续炒香，再加入蒜泥炒至呈现蜂蜜颜色后转中小火。

3. 此时加入其余的咖喱酱材料，煮至浓稠后关火。如果觉得汤汁太稀，可酌量加番茄糊。

4. 将煮好的步骤3的材料放入食物料理机中打匀，即成咖喱酱。

5. 将虾仁洗净后去肠线，加入新鲜柠檬汁腌一下。再加入做好的咖喱酱，煮滚后继续煮1～2分钟。起锅前加入适量香菜即可。

Tips

- 如果咖喱酱是第二天才吃，将材料煮匀就可以了，不用放入食物料理机中打匀。

绞鸡肉包
花椰菜

▶材料（9个）

花椰菜9小朵、洋葱1/4个、大蒜2瓣、绞鸡肉450克、欧芹1大匙、盐适量、胡椒粉少许、面粉少许、鸡蛋1个、橄榄油少许、水适量、柠檬汁少许、香菜适量

▶做法

1. 将花椰菜一朵一朵仔细洗净，洋葱去皮切细丁，大蒜磨成泥。
2. 在绞鸡肉中加入洋葱丁，再加入欧芹、盐和胡椒粉拌匀，用手甩打至有黏性，分成9份。
3. 在花椰菜表面蘸上一些面粉。取1份步骤2的绞鸡肉，将花椰菜花朵部分包覆起来，做成肉丸子，再淋上一层鸡蛋液，并蘸上少许面粉。
4. 在平底锅内用少许橄榄油将肉丸子煎至半熟，捞起。
5. 另准备一个深锅，放入煎至半熟的肉丸子，加适量水煮40～45分钟。最后加入少许盐、柠檬汁、蒜泥和香菜，再煮滚即可。
6. 可以佐各式主食食用。食用时将汤汁淋在饭上，一口丸子一口饭，十分美味。

· 绞鸡肉最好用鸡柳肉，会比较软嫩。

炸鱼

▶材料

白身鱼600克、面粉适量、炸油适量

▶腌鱼材料

大蒜3瓣、柠檬1/2个、盐少许、胡椒粉适量、孜然粉1/4小匙

▶芝麻蘸酱

柠檬2个、白芝麻酱4大匙、欧芹4大匙、大蒜2瓣、盐适量、胡椒粉适量

▶做法

1. 将鱼去皮、去骨后切片。将腌鱼材料中的大蒜磨成泥，柠檬挤汁。
2. 将全部的腌鱼材料与鱼片拌匀，放入冰箱冷藏，腌3～4小时。
3. **制作芝麻蘸酱：** 柠檬挤汁，再将所有材料放入食物料理机中打匀即可。
4. 将腌好的鱼片均匀蘸上面粉，放入油锅中炸至呈现金黄色且熟透。起锅，搭配芝麻蘸酱食用。

- 还可搭配去籽的番茄丁，和炸鱼、芝麻蘸酱一起吃。

科威特式虾仁

▶材料

洋葱1个、番茄3个、大蒜1瓣、半个拇指大的姜片1片、柠檬1/2个、青辣椒适量、红辣椒适量、香菜碎2大匙、虾仁600克、盐适量、橄榄油少许、豆蔻粉少许、肉桂粉少许、百里香少许、香菜粉少许、番茄糊少许、香菜适量

▶做法

1. 将洋葱去皮切小丁，番茄切丁，大蒜磨成泥，姜切末，柠檬挤汁，青辣椒、红辣椒切碎。

2. 将虾仁去肠线，用盐洗净，用纸巾吸干水，用柠檬汁腌约30分钟。

3. 用橄榄油炒香洋葱丁，待洋葱丁炒成褐色时，依序加入蒜泥、姜末、辣椒碎和香菜碎炒匀。

4. 加入豆蔻粉、肉桂粉、百里香和香菜粉继续炒香，再加入番茄丁和番茄糊煮至浓稠。之后放入腌好的虾仁煮至滚，加入香菜随即关火。

牛奶糕

▶材料

阿拉伯口香糖5～7个（如果没有可不加）、开心果少许、马铃薯粉4大匙、牛奶6杯、麦芽糖1/2杯、玫瑰水数滴（或新鲜香草适量）、杏仁糖粉适量

▶做法

1. 将阿拉伯口香糖打成粉末，开心果压碎。
2. 将所有材料（除开心果碎、杏仁糖粉以外）拌匀，放入小锅中煮，一边煮一边轻轻搅拌直到煮滚，接着继续一边搅拌一边煮至汤汁浓稠。
3. 放凉后放入冰箱冷藏。食用前撒上开心果碎，酌量加杏仁糖粉，别有风味。

炸薄饼

▶材料（约 15 片）

炸油适量

▶饼皮

低筋面粉3杯、粗粒小麦粉3大匙、色拉油2大匙、温牛奶1杯、温水1¾杯、柠檬汁1大匙、糖2小匙、发酵粉1大匙、盐少许

▶糖浆

糖3杯、水1½杯、柠檬汁1大匙、阿拉伯口香糖数个（不加也可以）、玫瑰水1大匙（或橘皮1大匙）

▶内馅

马兹瑞拉起司2包（约440克）、瑞柯达起司1盒（约200克）、鲜奶油50～100克、盐少许

▶做法

1. **制作饼皮：**取一个盆，将所有饼皮材料加入拌匀。拌匀后盖上毛巾使面糊发酵，视室温发酵1～3小时。准备一个不粘平底锅，不需加油，用汤匙舀1大匙面糊放入平底锅，用小火慢慢煎，煎至面糊表面出现很多小洞即取出（只煎一面，不需要翻面），放在盘子里，盖上毛巾待用。

2. **制作糖浆：**准备一个小锅，将所有糖浆材料放入，煮至浓稠（可以用汤匙取出一点放在盘子上，倾斜盘子，糖浆不会流动很快即可）。

3. **制作内馅：**将起司切小丁；取一个盆，将所有内馅材料加入拌匀，可以用鲜奶油的量来调整内馅的浓稠度。

4. 将内馅包入步骤1煎好的饼皮中，像包饺子一般包成半圆形，油炸至金黄酥脆。

5. 趁热淋上糖浆食用。隔夜的话，可以将炸好的薄饼放入200℃的烤箱烤热后食用。

- 这道炸薄饼是在斋月时期必吃的甜点。斋月时期白天不进饮食，味道浓郁可口的炸薄饼是不可或缺的斋月食物。

千层派

▶材料

春卷皮8～10张、炸油适量、糖适量、水少许、杏仁（或开心果）250克

▶牛奶酱

牛奶1500毫升、糖2大匙、太白粉（或甘薯粉）4大匙、橘子花水1大匙（或橘皮2大匙）、奶油50克

▶做法

1. 锅中放油，将春卷皮放入炸，每张炸好的春卷皮捞起后，都要垫上一层纸巾吸油（避免粘住）。前一天先将春卷皮炸好放凉，当天要吃之前再放入烤箱，以150℃将春卷皮中的多余油脂烤出。

2. **制作牛奶酱：**准备一个小锅，将所有牛奶酱材料用小火煮成浓稠状，放凉待用。

3. 准备一个小锅，将1杯糖和少许水煮成糖浆，糖浆和小锅先留着备用。

4. 取一个烤盘，铺上杏仁，放入烤箱烤香，再将步骤3煮好的糖浆淋在上面。放凉后取出放入塑料袋中，用毛巾包好塑料袋，用擀面杖等将糖浆杏仁打成杏仁糖粒（粉）。

5. **煮糖丝：**将3大匙糖放入步骤3的小锅中，用小火煮，要一直搅拌，煮至浓稠。

6. 烤好的春卷皮每层都抹上步骤2的牛奶酱，再撒上步骤4的杏仁糖粒（粉），洒上步骤5的糖丝，动作要很快，完成后要马上吃。

Tips

- 也可以用有机胚芽面皮，但是要用干锅煎至酥脆。
- 在摩洛哥，薄饼的做法和春卷皮相同，只是那里的人会做得厚一点，将薄饼烤至酥脆。春卷皮如果不炸，可用干锅煎，或抹一些油放入烤箱烤至酥脆。

一般而言，西餐*大多以欧洲菜如法国菜、意大利菜为主，制作者以细腻的烹调手法，烹调出一道道细致佳肴。本章精选经典的高汤、沙拉酱、开胃菜、主餐等料理，一步一步解说，让你在家也能做出大厨等级的时尚西餐。

* 西餐料理包含前面介绍的意大利料理和西班牙料理。本章是对西餐料理更全面的介绍。

料理专家简介 Profile

许宏寓

曾任职于台北青年会会馆，台中通豪大饭店领班，台中长荣桂冠酒店副主厨，高雄汉来大饭店意大利厅、中央厨房主厨，高雄晶华酒店行政副主厨，高雄帕帕咪噢意式餐厅行政主厨，台中丰茂食品有限公司技术研发者。现任全球餐饮发展有限公司及翊群厨艺工坊的技术研发总监。

屡次前往中国香港、上海，新加坡，韩国，马来西亚等地，参加国际烹饪大赛，赢得很多奖牌。此外，还协助台湾云林县妇女保护协会创立早餐店，为弱势儿童提供早餐，受聘为王品集团“王品之师”，应西螺福兴宫之邀制作十三乡镇特色料理，协助台湾嘉义县制作健康饮食一乡镇一菜肴食谱，策划、参与美国南方料理厨艺训练，不遗余力地促进台湾餐饮业发展并从事公益活动。

西餐料理
常用食材

▶认识不同部位的牛肉与烹调方式

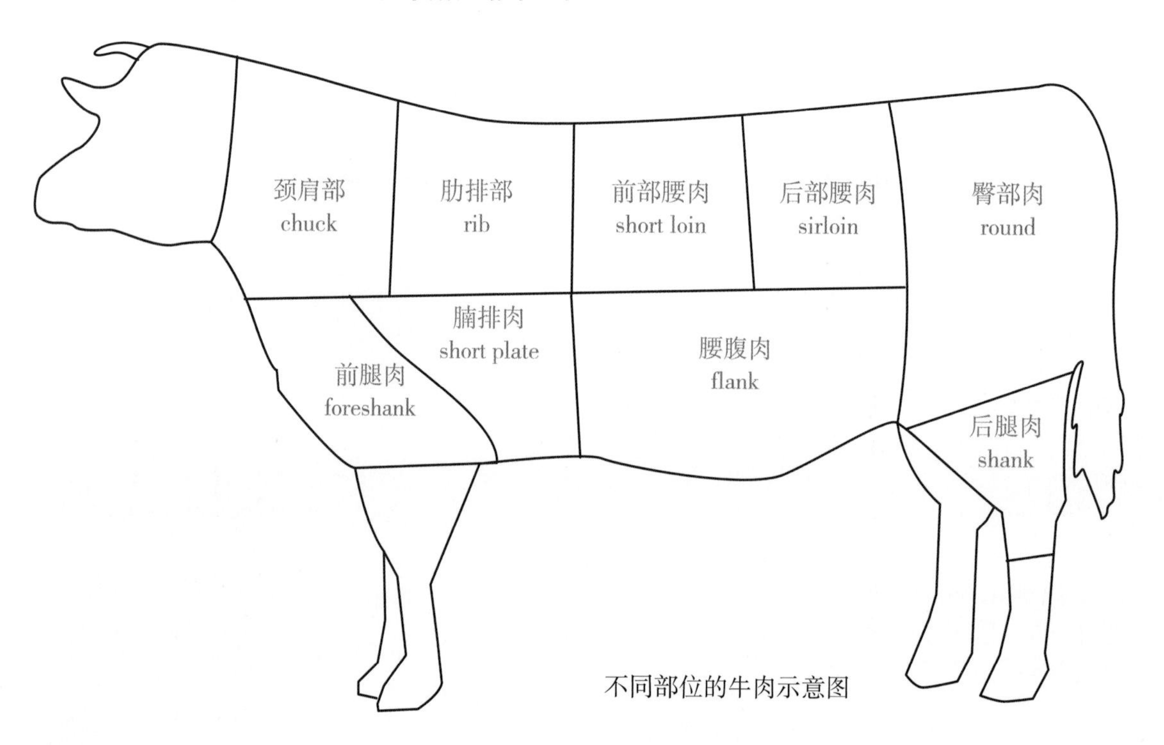

不同部位的牛肉示意图

颈肩部

颈部肉：适用于绞肉、炒、焖炖。
肩部肉：又称夹心肉，适用于烧烤、炒、焖炖、煮。
肩胛里脊：又称黄瓜条，适用于烧烤、炒。
肩胛小排：适用于烧烤、红烧。

肋排部

带骨肋里牛肉：适用于烧烤。
肋骨牛排：适用于炭烤、煎。
不带骨肋眼牛排：适用于炭烤、煎。
肋眼条肉：适用于烧烤。
肋骨小排：适用于炭烤、红烩。

前部腰肉

条肉：又称大里脊，可切割为纽约牛排，适用于煎、烧烤。
丁骨牛排：适用于炭烤、煎。
红屋牛排：适用于炭烤、煎。
天特朗：又称菲力或小里脊，适用于烧烤、煎或水煮。

后部腰肉（鞍部肉）

去骨沙朗牛排：适用于炭烤、煎、煮。
针骨沙朗牛排：适用于炭烤、煎、红烩、煮。

臀部肉

臀部肉肌肉纤维较粗大，脂肪含量低。适用于切片后爆炒。

后腿肉

后腿肉又称大腿肉，可分为上部后腿肉、外侧后腿肉、内侧后腿肉、下部后腿肉等四大块，均适用于烧烤、焖煮、红烩。

腰腹肉

腰腹肉牛排：适用于焖煮、烩。
腰腹肉卷：适用于烧烤、焖煮。
绞肉腰腹：适用于煎、焖煮。

腩排肉

牛小排：适用于烧烤、煮、烩。
牛腩肉：适用于烩、煮。
绞肉：适用于做汤、肉丸、肉酱。

前腿肉

小腿切块：适用于焖煮、烩。
绞肉：适用于做汤、肉酱。

内脏及其他

牛的内脏包括牛心、牛肚、牛肝、牛腰子等，也常被用来烹调成食物。其他还有牛尾及可做汤或酱汁的配料的牛骨。

犊牛肉——背部及鞍部肉

条肉、腰肉：适用于做牛排、烧烤。
菲力：适用于煎、烧烤、炒。
肋排：适用于做牛排、烧烤、煎。

犊牛肉——腿部肉

后腿肉：适用于烧烤、红烩、炒、煎。
腱子：适用于烧烤、红烩。

▶认识不同部位的猪肉与烹调方式

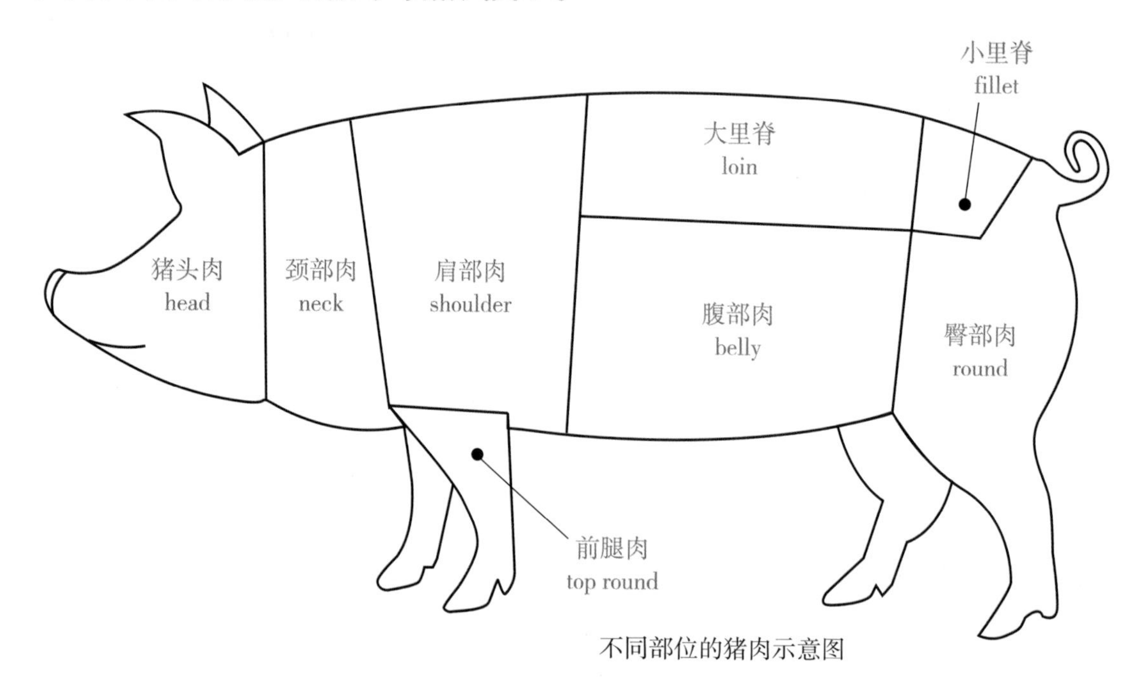

不同部位的猪肉示意图

大里脊、小里脊和颈部肉

大里脊：适用于煎、烧烤、烟熏、炸。
小里脊：适用于煎、烧烤、炒。
肋排：适用于烧烤、煎。
颈部肉：适用于烧烤、红烩。

肩部肉

肩部肉适用于烧烤、腌渍、红烩。

臀部肉和前腿肉

臀部肉和前腿肉适用于煎、烧烤、炸。

排骨（图中未标明）

排骨适用于烧烤、腌渍、焖、烩。

腹部肉

腹部肉适用于做培根、提供板油、烧烤、炖。

猪头肉

猪头肉适用于煮、卤。

内脏与其他

猪蹄：适用于煮、卤、烩。
猪腰子与猪肝：适用于煮、炒。
猪舌：适用于煮、卤、红酒烩。
猪脑：适用于煮、卤、炖。

认识不同部位的羊肉与烹调方式

背部及鞍部肉

全鞍部肉：适用于烧烤。
羊排：适用于煎、烧烤。
大里脊：适用于切割羊排、烧烤、煎。

腿肉

腿肉适用于红烩、烧烤、炖。

羊膝

羊膝适用于焖、红烩、炖。

胸肉

胸肉适用于红烩、煮、炖。

肩部肉

肩部肉适用于烧烤、腌渍、红烩、炖、焖。

认识家禽

家禽

老母鸡：每只1½～2千克，适合熬高汤。
一般成鸡：每只1～1½千克，适合烹制烤鸡。
春鸡：小鸡（每只500～800克）。
火鸡：每只8～15千克。
鸭：每只1⅘～2½千克。
鹅：每只3千克以上。

认识水生生物的种类与烹调方式

鱼类

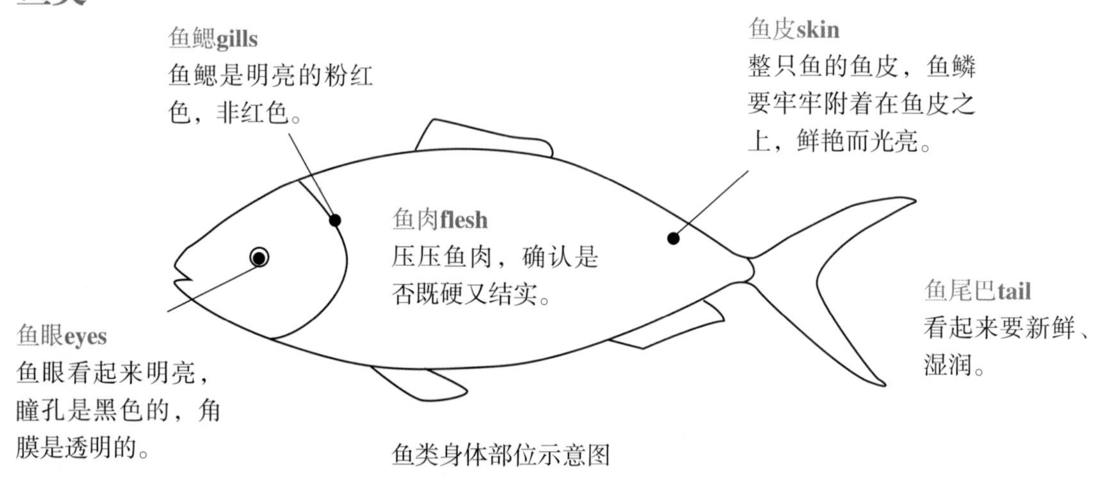

鱼类身体部位示意图

淡水鱼

鲤鱼：原产于亚洲，适合以油炸、蒸、煮、烤的方式烹调。

鳟鱼：产于北美洲，少数种类为海水鱼，适合以蒸、煮、烘焙、炭烤、煎、明火烧烤、烟熏等烹调方式来处理。

鳗鱼：鱼肉油质含量高，富含维生素A、维生素D与蛋白质，在日本和欧洲被广泛用于烹饪，适合烘烤、炖煮、烟熏。

梭子鱼：在欧洲是极受欢迎的一种淡水鱼，鱼肉细瘦密实，油脂含量低，适合各种烹煮方法。

鲑鱼：产于加拿大、太平洋等，从淡水到海水都有，是洄游性鱼种，适合各种烹调方式，烟熏和盐渍最好。

海水鱼

鲈鱼：肉质细密，适合煎、炭烤、制作鱼慕斯，鱼骨可煮高汤。

红鲣鱼：俗称金线鱼，非鲣鱼类，适合油炸、煎、炭烤、水煮。

鲷鱼：种类包括红鲷、黑鲷与日本鲷鱼等，适合以蒸、煮、煎、烘焙等方式烹调。

红鱼：属鲷鱼品种，一年四季皆可购得，适合各种烹调方法。

白银鱼：产于地中海，适合烟熏、煎、烤。

鳕鱼：产于太平洋与大西洋海域，肉质细嫩，适合蒸、烘烤、焖煮、明火烧烤、油炸或烟熏等。

沙丁鱼：是一种体形小、骨软的海水鱼种，适合烧烤、油炸、煮、制作沙拉、烟熏、盐渍、制作罐头。

海令鱼：是鲱鱼的一种，分布于太平洋和北大西洋海域，肉质细软，适合烧烤、腌渍、烟熏。

鲭鱼：又称青花鱼，生长于大西洋海域，适合盐渍、烟熏、明火烧烤、制作罐头。

鲔鱼：适合明火烧烤、炭烤、油煎、制作罐头。

黄帝鱼：肉质细嫩，适合蒸、煮、烘烤、烧烤等。

突巴鱼：大型比目鱼，从冰岛到地中海海域皆可见到，适合蒸、煮、明火烧烤、烘烤、油炸等。
哈立巴鱼：鲽鱼的一种，适合各种烹调法。
鲟鱼：在黑海、美国沿海、南大西洋都有鲟鱼的踪影，可采收鱼子，适合焖煮、烧烤。
鳀鱼：产于地中海与南欧沿岸的其他海域，适合盐渍、制作罐头。
鲳鱼：适合明火烧烤、烟熏、烘烤、炭烤等。
石斑鱼：产于中国、美国海域及墨西哥湾，适合蒸、煮、煎、烤等。
黑貂鱼：俗称阿拉斯加鳕鱼，鱼肉质细味好，适合油炸、烘焙、烧烤、烟熏等。
旗鱼：全球各海域都有机会看到旗鱼，体形大，适合烧烤、烘焙。

其他水生生物

甲壳类

小虾：全球各海域都有，可制作成干虾米、虾酱、虾露和虾慕斯。
明虾：又称斑节虾、虎虾，肉质细致、味甜，适合炭烤、煎、蒸、煮、明火烧烤。
龙虾：产于美国、澳大利亚、新西兰、南非、墨西哥等国海域，适合炭烤、蒸、煮、焗烤。
小龙虾：是淡水虾类，为美国路易斯安那州人的常用食材，可拿来烹调小龙虾酱汁。
大王蟹：产于北太平洋一带，又称阿拉斯加巨蟹，可取蟹腿做料理。
雪蟹：产于北太平洋和加拿大东部沿海一带，适合蒸、煮、做沙拉，蟹肉可制作罐头。
软壳蟹：螃蟹长到一定程度时，必须蜕去其旧有的硬壳，再生长出可容纳变大的身躯的新壳，新壳是软的，故称之为软壳蟹。适合酥炸做冷盘。
石蟹：产于美国佛罗里达州，可蒸、煮，壳质地硬。

软体类

贻贝：产于地中海、大西洋和太平洋，壳身是深色的。欧洲人尤其嗜食新西兰产的绿贻贝，适合油炸、蒸、煮、烟熏、制作罐头。
牡蛎：又称蚵，适合蘸面糊后油炸、炭烤、炒、煎等。贝隆牡蛎（belone）等新鲜牡蛎亦可生食。
蛤：适合煮汤、蒸、炒、烤。
扇贝：适合烧烤、炒、煎、煮、晒干。
鲍鱼：通常产于墨西哥、美国、日本沿海地区，常用来干制、盐渍、制作罐头。
田螺：全球各地都产田螺。法国勃艮第的田螺最佳，勃艮第红酒田螺最负盛名。
章鱼：章鱼的墨汁可制作意大利面，新鲜章鱼则适合烟熏或制作罐头。
乌贼：俗称透抽，适合炒、烤、制作丸子、烟熏、晒干。

▶保存性食品

保存性鱼类与鱼卵类制品

为了防止食物因天气或其他因素腐烂变质，18世纪末法国人发明了玻璃罐头，之后英国人彼得·杜伦研制出铁皮罐，并在英国获得了专利，这就是现在常用的铁罐头容器，也是保存食物的好容器之一。

在市面上可见到罐装鳀鱼、鲔鱼、田螺、沙丁鱼、腌渍海令鱼、腌熏鲑鱼、腌熏鳗鱼、腌熏鲭鱼、贝鲁加鱼子酱、塞鲁加鱼子酱、小粒贝鲁加鱼子酱、又称为疙瘩鱼卵的鲂和海水鲑鱼卵。

其他保存性肉类制品

在没有冰箱的年代里，人们为了保存食物，将新鲜食物用盐腌制再脱水，以此来防止食物腐烂，火腿就是古老年代的产品。现代人广泛取猪后腿肉、牛舌等肉品，通过盐渍、烟熏、发酵、干燥等各种方法来保存，风味独特，颇受欢迎。

保存性肉类制品种类繁多，包括烟熏火腿、风干火腿、烟熏里脊肉、切片培根、块状鹅肝酱、烟熏火鸡肉、咸牛肉、烟熏牛舌、烟熏胡椒牛肉、风干牛肉、意大利风干香肠、里昂式肉肠、犊牛肉肠、热狗香肠、意大利奇布里塔香肠、德国香肠、西班牙蒜味香肠等。

食用蛋类

鸡蛋

鸡蛋外壳有多种颜色，营养成分与味道任凭各自喜好选择。以外形来分，有圆形蛋和长形蛋两种。
圆形蛋：蛋黄多、蛋白少，较适用于烹调。
长形蛋：蛋黄少、蛋白多，较适用于甜点制作。

另外还有鹅蛋、鸭蛋、鹌鹑蛋、鸽蛋等，皆可被当成食材入菜。

Tips

· 如果不确定鸡蛋的新鲜度，可通过一个简单实验来确定。
1.新鲜的鸡蛋，因为水分含量高，所以较重。这样的鸡蛋沉入水中，会停在玻璃杯的底部。
2.较不新鲜的鸡蛋，由于气孔增大，水分透过蛋壳流失，鸡蛋会在水中竖直立起，尖端朝下。

乳类与油脂类

不带盐分奶油

不带盐分奶油较适合烹制菜品，制作点心、面包。

带盐分奶油

带盐分奶油带些咸味，较适合烹调用。

猪油

猪油由猪的肥肉加热熔化，澄清后制成。硬度较奶油及玛琪琳低，适用于烘烤或油炸食品。

玛琪琳

玛琪琳是奶油的替代品，可从动物或植物的油脂中提炼出，适用于面包或点心的制作。

鲜奶油

鲜奶油取自新鲜牛奶表面的油，可分为单品奶油与双品奶油。许多菜的烹调都会用到，包括西式蛋糕和许多酱汁。

牛奶

牛奶一般分为全脂牛奶和脱脂牛奶，可作为饮料，制作点心、菜肴。

酸奶油

酸奶油通常是将牛奶加热消毒后，取其漂浮物，并加上酵母菌使其变稠后制成的，大部分用于烹调或当配料使用。

优酪乳

优酪乳常称酵母乳，是在凝固的牛奶中加入乳酸菌制成的，通常用作早餐或与水果一起食用。

打发鲜奶油

此种奶油通常用于制作点心、酱汁和配料。

起司

康门伯起司
康门伯起司是一种有名的法国起司。大多数用来做点心或小吃，含油率21%。表层有白毛，即起司外结的一层毛状物。

布瑞起司
布瑞起司是法国产的起司，具有奶油水果的香味。通常用来做酒会的小点或饭后小点心，含油率28%～30%。

瑞柯达起司
瑞柯达起司是意大利的起司。它是一种半熟的起司，口感较滑嫩，味道温和，通常用于制作甜点和烹调。

玛斯卡邦起司
玛斯卡邦起司是意大利出产的一种新鲜而软的起司，味道清淡、温和，常用于制作甜点，如提拉米苏（tiramisu）。

马兹瑞拉起司
马兹瑞拉起司是意大利传统式的半熟起司。从牛奶中提炼出，味道温和，奶油味重，通常用于沙拉、比萨、烤面包、三明治等。

白屋起司
白屋起司外形呈粒状，味道温和，奶油味重，通常用于起司蛋糕、水果沙拉等。

奶油起司
奶油起司是一种新鲜半熟的起司。从牛奶中提炼出，味道温和，许多国家都有出售，适用于起司蛋糕。

伯生起司
伯生起司是法国产的一种高乳味起司，含油率36%，通常有三种风味——香料、大蒜、胡椒，一般食用时会搭配饼干。

汤米葡萄干起司
汤米葡萄干起司是法国产的起司。从牛奶中提炼出，外层有葡萄干包覆，呈黑色，是一种非常好的点心用起司。

波特沙露起司
波特沙露起司是法国产的一种黄皮起司，从牛奶中提炼出，是一种很好的饭后点心和饮酒时搭配的小吃。

巧达起司
巧达起司是英国最有名的起司。从牛奶中提炼出，味道从温和到强烈都有，适合作为小吃和烹饪用。

葛瑞耶起司
葛瑞耶起司是从牛奶中提炼出的，瑞士人常用它来做非常有名的瑞士火锅（fondues）与酱汁。

依门塔起司
依门塔起司是世界上非常有名的瑞士起司。从牛奶中提炼出，有干果的风味，通常用于瑞士起司火锅或饮酒用小点。

亚当起司
亚当起司是从牛奶中提炼出的，圆球形，外面包了一层红色的蜡，一般用作酒会的小吃或用于烹调。

勾塔起司

勾塔起司产自法国。用羊奶与少许牛奶制成，用于烹调或当作酒会的小吃。

哥达起司

哥达起司产自荷兰，在世界上很有名。从牛奶中提炼出，可新鲜时吃或处理后吃，通常用作小吃或在酒会时使用。

帕玛森起司

帕玛森起司是从牛奶中提炼出的，通常做成很大的圆桶形，搅碎后使用，大部分用来烹饪。

戈贡佐拉起司

在戈贡佐拉起司中有许多条纹状的绿色物，味道浓，通常用于点心、小吃、沙拉，或是将它搅碎后撒在食物上烘烤。

拉克福蓝莓起司

法国产的拉克福蓝莓起司，是公认最好的起司之一，又称起司之王。从牛奶中提炼出，味道浓，通常用于饭后点心、小吃、沙拉与调味料。

烟熏依门塔起司

烟熏依门塔起司是瑞士产的一种长条形、香肠式包装的起司，具有独特的烟熏风味，通常用于酒会小点。

丹麦蓝莓起司

丹麦蓝莓起司产自丹麦。从牛奶中提炼出，味道强烈，奶油含量高而且松软，通常用来做点心与沙拉调味汁。

Tips

· 起司的做法：原料是乳汁（奶牛、山羊、绵羊和野牛的乳汁都可使用）；将凝乳（curds）从乳清（whey）中分开后经过压缩，再静置熟成，就转变成了起司。

新鲜香料

香菜

香菜原产于地中海与亚洲一带，但现在世界各地都有生产。多数人使用其叶部及种子，泰国用根部最广泛。具有少许葛缕子香味，为咖喱的主要材料之一。

茵陈蒿

茵陈蒿产于欧洲，特别是法国。通常使用其叶部，是做酱汁、香料醋与汤品的好材料。可用于鸡肉、鱼类与蔬菜料理，其气味好似茴芹（anise）的清香味。

罗勒

罗勒又称九层塔，产于印度与中国。大都使用其叶部，用途极为广泛。味道近于丁香咖喱，烹饪许多意大利菜时经常使用，适用于肉类、海鲜料理和酱料。

薄荷

薄荷原产于地中海与西亚一带，但现在全球各地都有生产。因品种不同，会散发出不同的气味，如苹果味、胡椒味等。通常使用其叶部，可用于酱汁羊肉或甜点。

香薄荷

香薄荷产于地中海一带，一年四季都有生产。一般大都使用其叶部，含有百里香和薄荷的双重味道，适用于调味品、肉、汤品和豆类中。

鼠尾草

鼠尾草产于北地中海一带的海岸边。多用于馅料、猪肉、乳酪、豆类、禽肉或野味的烹调。

月桂叶

月桂叶产于亚洲、欧洲及美国。使用其叶部，多使用干燥过的，适用于汤品与酱汁。

百里香

百里香产于地中海一带。有多种风味，适用于香料包、汤、酱汁、蔬菜、禽肉、鱼的烹调。

欧芹

欧芹产于地中海一带。一般使用其叶部，适用于酱汁与混合香料的调味，而其根部可用来炖高汤。

虾夷葱

虾夷葱产于欧洲较冷的区域，现在有其他更多地方在栽种，如美国、加拿大。通常用于汤、沙拉配料、海鲜的酱汁，其花朵还可做沙拉和作为装饰。

野苣

野苣每年生产一次，产于中东、法国。通常用于沙拉、酱汁、综合香料。

牛至

牛至产于亚洲、欧洲、北美洲，又称牛膝草。通常用于酱汁或比萨中，尤其是意大利菜中使用最多。

马佑莲

马佑莲产于地中海一带。多使用其叶部，适用于蔬菜、小牛肉、羊肉和镶馅中，是味道相当好的香料。

茴香（大茴香）

茴香（大茴香）原产于地中海一带和美国，现在在许多国家都可找到。味道类似八角茴香，通常适用于沙拉、海鲜、蔬菜的烹调。

莳萝

莳萝产于南欧、北欧、亚洲天气较冷的区域。一般使用其叶部与种子，通常用于沙拉、肉类、酱汁的烹制。

迷迭香

有着浓郁香气的迷迭香，散发着柠檬与松树的气息，产于地中海。食用其叶部，烹饪法国菜时经常使用它，多用于烹调羊肉与酱汁、浸渍在醋和油中调味。

Tips

- **香料束 BOUQUET-GARNI**
  香料束通常用于烹调高汤、沙司（酱汁）、烩制的菜肴。包括月桂叶、西芹、小葱、胡萝卜、欧芹、百里香，使用时切成10~12厘米的长度，再用细棉绳绑紧。
- **香料袋 SACHET**
  其用途与香料束相同。通常是将胡椒粒、月桂叶、迷迭香、百里香、欧芹、大蒜用细纱布包裹在一起制成，常用此法来制作高汤、烩菜、炖菜的香料包。

其他香料

咖喱粉
咖喱粉源自印度。使用多种香料混合而成，有很多种风味，许多国家烹饪经常使用它。

山葵（辣根）
山葵（辣根）使用时先磨碎，再加入鲜奶油、醋、美乃滋。通常用于搭配冷肉、冷海鲜（白辣椒酱）等，日本人则常用于搭配生鱼片（绿芥末酱）。

芹菜种子
芹菜种子产于意大利。从芹菜中取出、干燥，有少许苦味，通常用于汤或烩菜类。

茴香种子
茴香种子主要产于地中海一带与美国。取自茴香，散发浓厚香气，具有八角茴香的风味，用于鱼类、苹果派的烹饪。

莳萝种子
莳萝种子产于南欧。用于沙司、海鲜、汤类等的烹调。

红辣椒粉
产于中南美洲的一种热带辣椒，干燥后磨成粉，味道浓郁，用作调味料。

肉桂
肉桂产于斯里兰卡。取肉桂表皮晒干制成，可磨成粉使用，通常用在点心与面包中，尤其可用来制作苹果派。

匈牙利红椒粉
其原料为产于南美洲的一种椒。味道有微辣、甜等，匈牙利有许多名菜均使用它。

花椒
花椒产于中国。具有芳香的气味，有很多种风味，常用于中式料理，尤其是四川菜使用最广泛。

香草荚
香草荚是一种攀缘型植物的果实，生长在中南美洲，通常用它来做甜点的酱汁、蛋糕、巧克力布丁。

肉豆蔻
肉豆蔻产于印度尼西亚、马来西亚。适用于烘焙，可加在鲜奶、水果中，烹煮蔬菜尤其是马铃薯的时候使用更美味。

丁香
丁香具有特殊香味，用于制作点心与酒、烧烤猪腿或火腿，都很有特色。

大蒜头
大蒜头可用来制作调味料或菜肴，常被广泛使用。

肉豆蔻皮
肉豆蔻皮即肉豆蔻的红色假种皮，味道类似肉豆蔻种子，晒干后即转为淡黄色，使用时研磨成粉状。

小茴香
小茴香产于尼罗河上游。味道稍苦，是常用的香料，尤其在亚洲、地中海一带，是调制咖喱粉时不可或缺的材料。

香菜种子
香菜种子产于南欧、东南亚、中东一带。通常将它烘干后搅碎或磨粉使用。

番红花

番红花取自番红花花蕊，是一种非常贵的香料。它具有特殊的香味，味道带苦，能为食品染色。

豆蔻

豆蔻具有特殊的香味，通常制作咖喱粉时会使用。

牙买加胡椒

牙买加胡椒产自西印度群岛。具有多种不同的味道，使用时可压碎或磨粉。

郁金根粉

郁金根粉是将郁金（属于姜科）根部烘干后做成的粉（黄色），是做咖喱粉、调色与调味的材料。

胡椒粒

胡椒粒分为四种，具体如下：

- **青胡椒粒**：质地较软。可将未成熟的青色胡椒果实腌渍于水中制作罐头，或干燥后制成青胡椒粒。
- **粉红胡椒粒**：青胡椒粒变红时采下、烘干，可制作酱汁，也可作为装饰。
- **白胡椒粒**：用完全成熟的果实，经过去皮、干燥后制成。
- **黑胡椒粒**：将未完全成熟的青胡椒粒干燥至表皮变成黑色，即为黑胡椒粒。

葛缕子

葛缕子用于许多烧烤料理，德国、奥地利、匈牙利的很多菜都会使用它，也可用来制作面包、乳酪、蛋糕。

八角茴香

八角茴香产自中国。具有特殊香味，通常用来做卤制品、腌泡食品和酿造八角酒（anisette）。

姜

姜味道辛辣，有去腥、祛寒作用。

杜松子

杜松子可用来制作琴酒与烹调野味。

辣椒粉

将辣椒晒干磨成粉即成辣椒粉，是一种辣的香料。

蔬菜高汤

▶材料

洋葱240克、西芹210克、胡萝卜150克、蒜苗80克、洋菇80克、番茄60克、欧芹梗2根、饮用水3升、百里香5克、月桂叶3片、盐3克、白胡椒粒5克

▶做法

1. 将洋葱、西芹、胡萝卜、蒜苗、洋菇、番茄洗净，切成大丁。欧芹梗切段。

2. 取一个锅，放入所有材料拌匀，开大火，煮滚后转中小火，再煮50～60分钟。随时清除杂质。

3. 用网筛将汤过滤，完成。

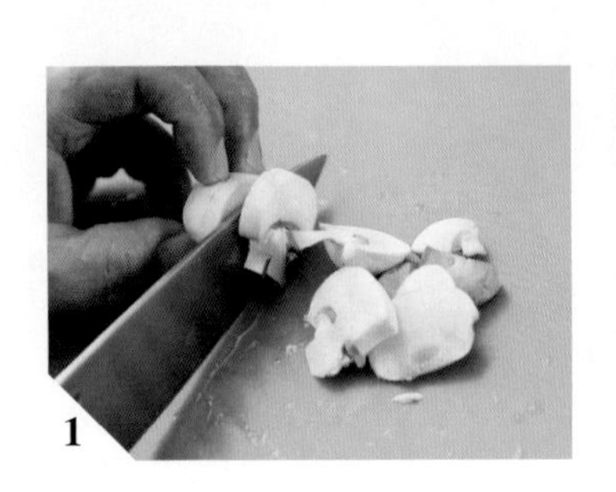

1

2

3

鸡骨白色高汤

材料

鸡骨1½千克、洋葱160克、西芹80克、胡萝卜80克、蒜白30克、饮用水3升、百里香5克、欧芹梗2根、月桂叶3片、丁香3粒、盐3克、白胡椒粒3克

做法

1. 将鸡骨剁成6厘米长的段后洗净。洋葱、西芹、胡萝卜、蒜白切大丁。

2. 取一个汤锅，放入水煮滚。将鸡骨放入汆烫，去血水、杂质后取出洗净（残渣去除）。

3. 将鸡骨放入汤锅，加入饮用水与其他材料。

4. 先用大火煮滚，再用中小火慢煮80分钟，并随时将多余的油清除（水需盖过骨头）。

5. 将熬好的高汤用细网筛过滤即可。

1

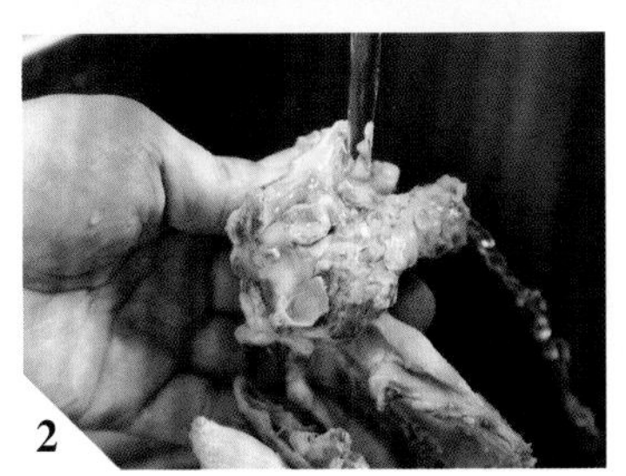
2

4

4

鱼骨白色高汤

▶材料

鱼（油脂较少的鱼较佳，如石斑鱼、鲈鱼）骨1½千克、饮用水3升、洋葱160克、西芹80克、蒜白60克、百里香3克、欧芹梗2根、月桂叶3片、丁香1粒、白胡椒粒3克、白酒80毫升、盐3克

▶做法

1. 将鱼骨切成6厘米长的段，用水洗干净，用热水汆烫后，将污水去除。（汆烫的时间比鸡骨、牛骨短，只需汆烫表面，让血水凝固，汤汁不会变成褐色。）

2. 将鱼骨放入汤锅，加入饮用水及其他材料。

3. 用大火煮滚，转成小火，再煮50～60分钟。

4. 随时将多余的油清除（水需盖过骨头）。

5. 用网筛将汤过滤即可，需注意鱼骨不能压。

2

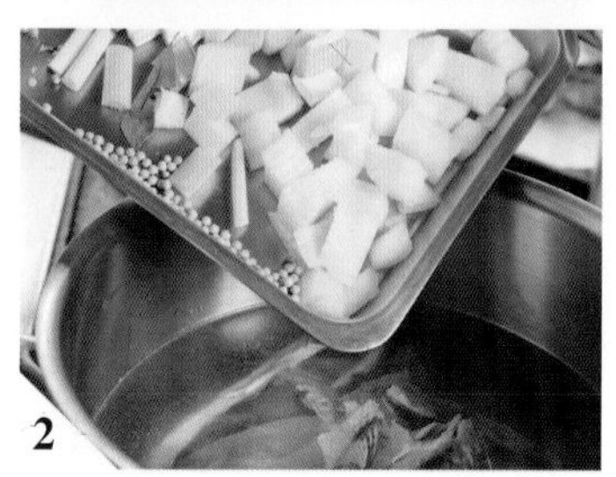
2

2

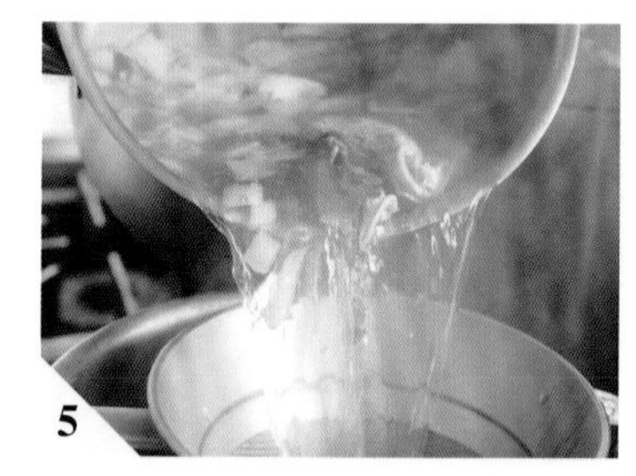
5

千岛沙拉酱

材料

洋葱100克、酸黄瓜30克、欧芹叶20克、煮熟的鸡蛋3个、美乃滋1千克、番茄酱250克、墨西哥辣椒水2小匙、辣酱油2小匙、牛奶60毫升

做法

1. 将洋葱洗净，酸黄瓜、欧芹叶、煮熟的鸡蛋分别切碎。
2. 取一个钢盆，加入美乃滋，再将步骤1的材料依序放入。
3. 再依序放入番茄酱、墨西哥辣椒水、辣酱油后，搅拌均匀。
4. 最后缓缓加入牛奶，使沙拉酱稀稠适中。

1

3

4

鞑靼酱汁

材料

鸡蛋2个、洋葱80克、欧芹10克、酸黄瓜50克、美乃滋600克、柠檬汁25毫升、辣酱油适量、胡椒盐适量

做法

1. 将鸡蛋放入水中煮熟，然后切碎。

2. 将洋葱、欧芹洗净后，和酸黄瓜分别切碎，备用。

3. 取一个钢盆，将所有材料加入搅拌好即可。

Tips

· 做好的鞑靼酱汁中加入一些匈牙利红椒粉拌匀，颜色会更好看。
· 鞑靼酱汁通常用于猪排、海鲜类料理。
· 水煮鸡蛋与酸黄瓜的切法：切片，再切条，最后切碎。

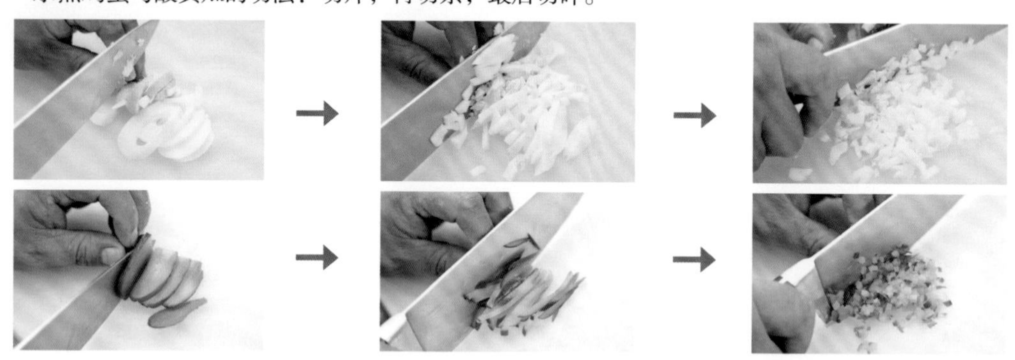

意大利油醋汁

材料

红葱头30克、大蒜8克、酸黄瓜20克、红辣椒8克、欧芹10克、黑胡椒粗粉1/3小匙、胡椒盐2小匙、红酒醋100毫升、橄榄油250毫升

做法

1. 将红葱头、大蒜、酸黄瓜、红辣椒（去籽）、欧芹分别切碎。
2. 取一个钢盆，放入步骤1切碎的材料，再放入黑胡椒粗粉、胡椒盐、红酒醋。
3. 用打蛋器将上述材料搅拌均匀（不断搅拌）。
4. 缓缓加入橄榄油，搅拌均匀成稠汁即可。

1

2

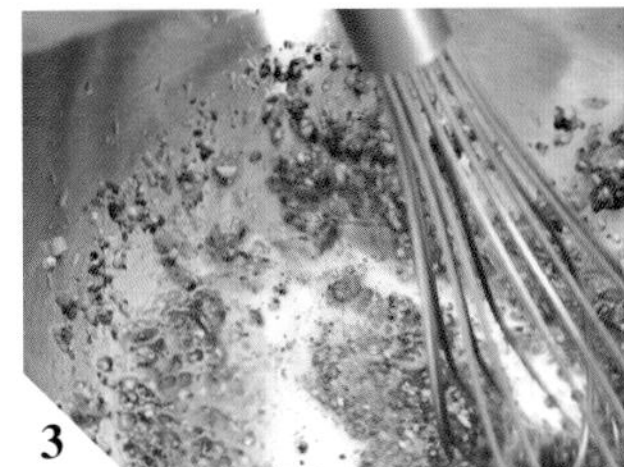
3

4

Tips

· 辣椒去籽的方法：先对半切，再去籽。

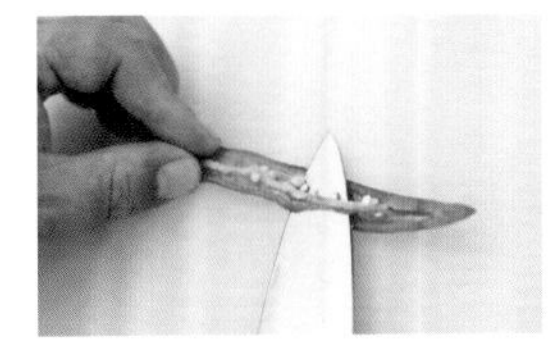

覆盆子酱汁佐鸡肉卷

▶鸡肉卷

鸡胸肉适量、白葡萄酒15毫升、胡椒盐适量、奶油适量、胡萝卜细条50克、蒜苗细条30克、西芹细条50克、煮熟的菠菜叶4片

▶覆盆子酱汁

奶油10克、红葱头碎30克、波特酒30毫升、鸡骨原汁250毫升、覆盆子30克、胡椒盐适量

做法

1. 将鸡胸肉切片，用白葡萄酒、胡椒盐腌渍。

2. 在热锅中放入奶油、胡萝卜细条、蒜苗细条、西芹细条炒软熟。

3. 先用菠菜叶将炒熟的蔬菜卷起，再放在鸡胸肉片上卷起。

4. 用竹签将肉卷固定。

5. 用奶油将肉卷表面煎上色，从肉卷的缝隙煎起。

6. 烤箱预热至180℃，将肉卷放入烤箱烤6～8分钟（时间依肉的薄厚而定）至熟，再切片。

7. 取一个锅，用奶油将红葱头碎爆香，倒入波特酒，将酒煮至蒸发完。

8. 加入鸡骨原汁调味，煮至浓缩后用细网筛过滤，去除红葱头碎。

9. 再将覆盆子和酱汁一起煮至味道融合，用胡椒盐调味，完成覆盆子酱汁。

10. 将鸡肉卷片铺于盘中，淋上覆盆子酱汁。

Tips

- 酱汁完成前，可放入一小块冰奶油（离火，摇动锅），使其融入酱汁里，这样酱汁的浓稠度和色泽比较好。

蓝莓优格酱佐鲜鱼卷

▶蓝莓优格酱

糖10克、白兰地1½小匙、蓝莓150克、饮用水60毫升、优酪乳30克、蛋黄酱20克、胡椒盐适量、柠檬汁8毫升

▶鱼慕斯

鲜鱼200克、鲜奶油60毫升、白酒20毫升、胡椒盐2小匙、蛋白35毫升

▶鱼卷

鱼慕斯220克、郁金根粉适量、熟鲜虾（切丁）2只、海苔片1张、鲜鱼片1片

▶做法

1. **制作蓝莓优格酱：**将糖、白兰地、蓝莓、饮用水倒入锅中，煮至浓缩成蓝莓酱后冷却。

2. 先把优酪乳与蛋黄酱拌匀，再加入胡椒盐搅拌。然后加入步骤1的蓝莓酱中，拌匀。

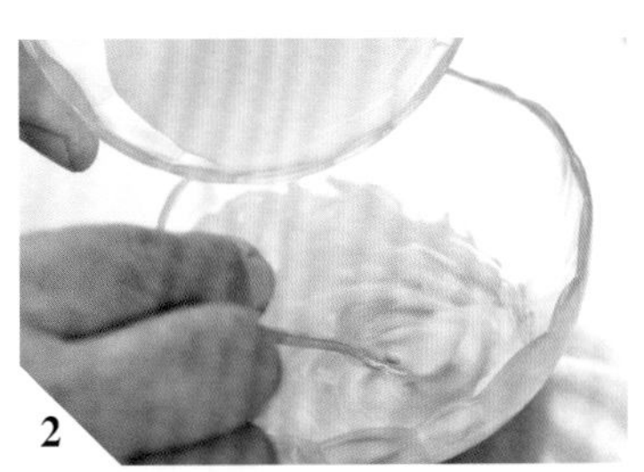
2

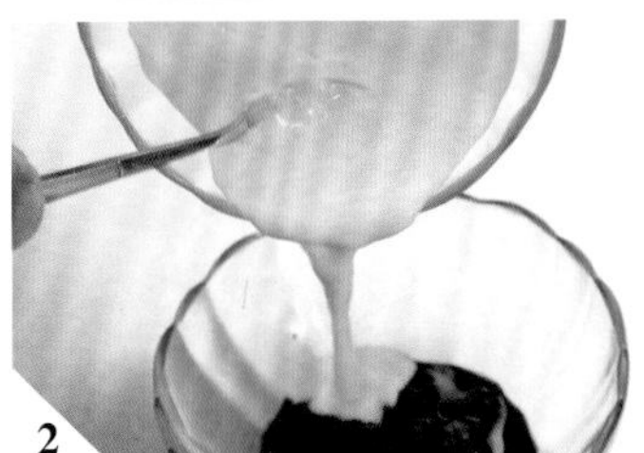
2

3. 在步骤2的材料中加入柠檬汁拌匀，即完成蓝莓优格酱。

3

4. **制作鱼慕斯：**将鱼肉切丁，加入鲜奶油、白酒、胡椒盐、蛋白，用食物料理机打成泥状。

5. 打好的鱼泥用细网筛过滤，将鱼肉筋去除，过筛后口感会较细腻。鱼慕斯完成。

5

6. **制作鱼卷：**取鱼慕斯50克（其余的鱼慕斯备用），加上郁金根粉、鲜虾丁拌匀，作为鱼卷馅料。

6

7. 将海苔片对半切开铺底，抹上一层鱼慕斯，把步骤6拌好的鱼卷馅料放上，卷起。

7

7

7

8. 取一片鲜鱼片，在上面铺上剩余的鱼慕斯。

8

9. 将步骤7的卷放在鲜鱼片上卷起，用保鲜膜包起来。

9

10. 将鱼卷放入蒸笼，用中火蒸约12分钟。蒸好的鱼卷放入冰箱冷藏约2小时，至鱼肉呈现冰冷状态。

11. 从冰箱中取出鱼卷后切片摆盘，淋上适量步骤3的蓝莓优格酱。

11

11

培根莴苣番茄三明治

材料

培根2片、番茄2片、结球莴苣60克、切片白吐司2片、软奶油10克、蛋黄酱少许

做法

1. 将培根整片煎一下。
2. 将番茄切片，结球莴苣剥成片，备用。
3. 将白吐司烤黄，并涂上软奶油。
4. 将番茄片、结球莴苣、煎过的培根、蛋黄酱有次序地一层层铺在一片白吐司上。
5. 将另一片白吐司盖上，去边，切成需要的形状即可。

1

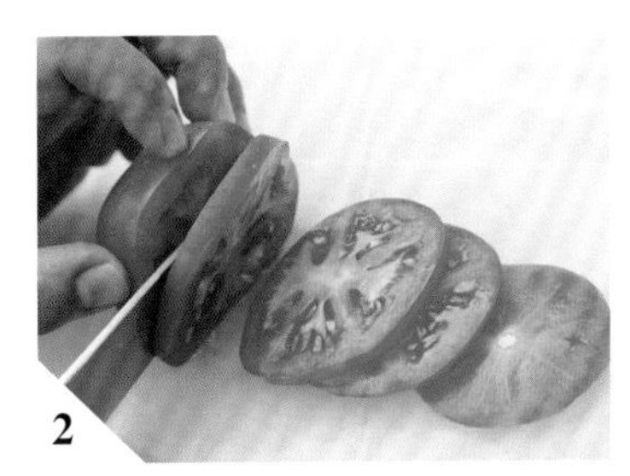

2

5

匈牙利牛肉汤

▶材料

洋葱50克、葛缕子1克、马铃薯100克、番茄（整个）罐头100克、牛臀肉150克、胡椒盐适量、匈牙利红椒粉20克、色拉油30毫升、迷迭香少许、月桂叶2片、番茄糊20克、牛骨高汤800毫升、酸奶少许

做法

1. 将洋葱切碎，葛缕子剁碎，马铃薯、番茄切小丁备用。
2. 将牛臀肉切小块，用适量胡椒盐和匈牙利红椒粉略抓拌一下。
3. 在锅中加入色拉油，将牛臀肉炒至变色（变浅褐色）。
4. 加入洋葱碎，将其炒至软而不上色。
5. 放入迷迭香、月桂叶、葛缕子碎继续炒香，再放入马铃薯丁。
6. 加入番茄糊炒匀。
7. 加入番茄丁与牛骨高汤。
8. 煮滚后去除表面杂质（浮沫），一直炖煮至牛肉松软、汤汁较浓稠。
9. 加入少许胡椒盐调味。上桌前加少许酸奶即可。

Tips

- 制作匈牙利红椒粉使用的是大型红色辣椒，味道温和不辣，因为其外形酷似香蕉，所以又称香蕉辣椒（banana chilies）。
- 以匈牙利命名的菜肴基本都要放匈牙利红椒粉（很多德式料理也会用到）。
- 牛臀肉可先用匈牙利红椒粉腌过再炒，会比较入味。
- 需烹煮至牛臀肉松软、马铃薯软而完整。

鸡肉清汤附蔬菜小丁

▶材料

全鸡800克、洋葱200克、西芹100克、胡萝卜100克、蒜苗80克、欧芹梗10克、百里香3克、月桂叶3片、丁香3粒、黑胡椒粒2克、蛋白3个鸡蛋的量、盐适量、鸡骨白高汤3升、白兰地少许

▶做法

1. 将全鸡洗净，去骨去皮去油，取肉。

2. 将鸡肉切成2厘米宽后，再切成小碎丁。

3. 用洋葱切2片圆厚片备用。其余的洋葱、西芹、胡萝卜、蒜苗、欧芹梗分别切碎，但要留一部分洋葱、西芹、胡萝卜、蒜苗，分别切成完整的小方丁，余烫备用。

4. 取一个钢盆，放入鸡肉碎丁、所有蔬菜碎，与百里香、月桂叶、丁香、黑胡椒粒、蛋白、盐拌匀。（蛋白有吸附杂质的作用。）

5. 取一个煮锅，放入冷高汤、步骤4的材料拌匀。开中火，随时搅拌至出现泡沫，等汤上有凝固物浮出，即可转小火慢煮2～3小时。（一定要先拌匀后才能开火煮，汤滚前可以随时搅拌，滚后就不能再搅拌了。）

6. 将2片洋葱圆厚片煎至焦煳。待汤表面煮成凝固状时，先在凝固面上拨一个小汤洞，再放入洋葱。

7. 待温度稍微降低，继续煮2～3小时，不可再搅拌，控制在小火小滚状态。煮2～3小时后，离火。

8. 在网筛上铺两层纱布，过滤清汤。

9. 清汤过滤后，把浮油渣捞起（不可有油），加盐调味。

10. 将清汤倒回锅中加热，并放入余烫过的蔬菜小丁，洒点白兰地让汤多点香气。

Tips

- 其他材料与鸡汤一起煮时，要不停搅动，防止底部材料粘锅而有焦味。煮到出现白色泡沫，就不能搅动了。
- 清汤中不要有鸡皮，因为鸡皮中的油会阻碍蛋白吸附杂质。

奶油洋菇浓汤

▶材料

洋菇300克、奶油30克、百里香适量、月桂叶2片、鸡高汤800毫升、胡椒盐适量、鲜奶油60毫升、欧芹碎适量

▶调味蔬菜

洋葱50克、西芹25克、蒜苗25克

做法

1. 将洋菇去底部后，切成0.3厘米厚的片状，备用。

2. 将调味蔬菜（蒜苗只取白色部分）切片，洋葱、西芹再切丝，备用。

3. 在热锅中熔化奶油，炒香调味蔬菜、百里香、月桂叶。

4. 加入220克洋菇片，持续炒软。

5. 加入鸡高汤，熬煮至所有蔬菜变软。

6. 取另一个锅加热，加入剩余的80克洋菇炒至水蒸发。再加一点奶油（分量外）炒出香味，至洋菇呈现金黄色即可，作为浓汤的配料。

7. 从步骤5的汤汁中去除月桂叶，放入果汁机中打成浆。

8. 再倒回锅中，用胡椒盐调味。

9. 加入鲜奶油与步骤6的洋菇片，续煮至味道融合即可。

10. 也可以保留一点洋菇片，上桌前铺几片在汤上。撒点欧芹碎装饰。

Tips

- 调味蔬菜（mirepoix）原指洋葱、西芹、胡萝卜、蒜苗等，但因为此道汤色泽要呈灰白色，故胡萝卜不宜使用。
- 蒜苗只取用白色部分，以免影响汤的颜色。
- 鸡高汤可视火候调整用量。

华尔道夫沙拉

材料

结球莴苣叶1片、核桃30克、苹果300克、盐适量、西芹150克、美乃滋80克、胡椒盐适量、葡萄干适量

做法

1. 将结球莴苣叶洗净，备用。
2. 将核桃烤过后，切小丁。
3. 将苹果洗净，去皮去核后切大丁，用适量饮用水（加入少许盐，亦可加入适量柠檬汁）泡一下，完全沥干，备用。
4. 西芹洗净后去皮，切丁。汆烫西芹时，水中放入少许盐防止养分流失。汆烫后放入凉饮用水中冷却，沥干备用。
5. 取一个钢盆，将西芹、苹果、核桃、美乃滋、胡椒盐加入搅拌均匀。留少许核桃当作装饰。
6. 上菜时将步骤5拌好的苹果沙拉装在结球莴苣叶内，用核桃、葡萄干装饰。

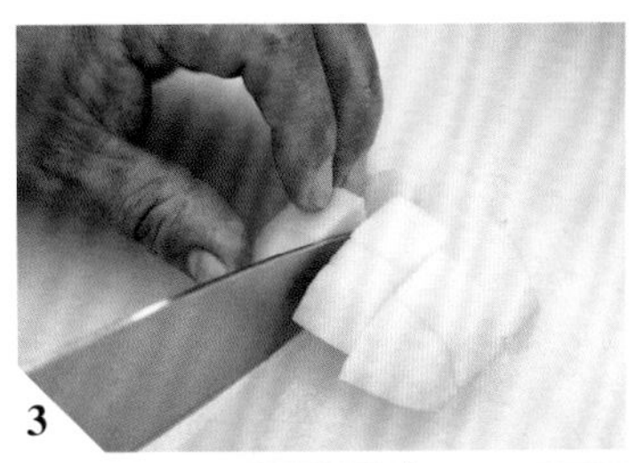

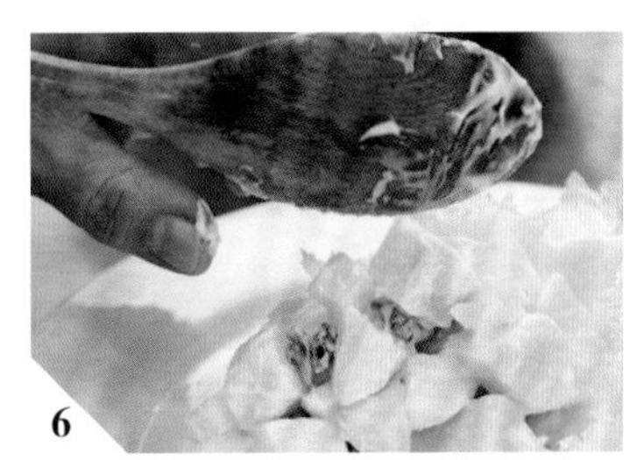

Tips

- 华尔道夫沙拉是一道古典沙拉，创于20世纪初期，当时一位名叫奥斯卡（Oscar）的大师在美国纽约华尔道夫酒店做出了这道料理。其基本材料有苹果、西芹、核桃，加上沙拉酱混合即成。

凯撒沙拉

▶材料

萝蔓生菜360克、白色吐司1片、培根3大匙

▶凯撒沙拉酱

鸡蛋2个、柠檬汁20毫升、第戎芥末酱5克、鳀鱼4片、胡椒盐适量、大蒜10克、橄榄油30毫升、辣椒水适量、英式辣酱油适量、帕玛森起司粉20克

▶做法

1. 将萝蔓生菜洗净后，撕成大片状，沥干备用。

2. 将白色吐司切小丁，放入烤箱烤成金黄色备用。

3. 将培根切成小条。在热锅中放入培根，将皮煎脆，用网筛滤掉多余油脂。

4. **制作凯撒沙拉酱：**生鸡蛋取蛋黄，加入柠檬汁、第戎芥末酱、鳀鱼（磨碎）、胡椒盐、大蒜（磨碎），搅打至膨胀（此法式酱稍硬，但比美乃滋稍软）。

5. 慢慢倒入橄榄油，打发即可。

6. 再加辣椒水、英式辣酱油、帕玛森起司粉（留少许装饰用），充分混合后即完成凯撒沙拉酱。

7. 将步骤1的萝蔓生菜与部分凯撒沙拉酱拌匀。

8. 用萝蔓生菜摆盘，撒上培根条、吐司丁、帕玛森起司粉，再淋上凯撒沙拉酱。

Tips

- 凯撒沙拉的由来：它是凯撒·卡狄尼（Caesar Cardini）在1924年发明的，凯撒·卡狄尼是墨西哥蒂华纳（Tijuana）城里一家意式餐厅的老板兼主厨。

总汇三明治

▶材料

鸡蛋1个、火腿1片、培根2片、熟鸡肉60克、番茄适量、白吐司3片、软奶油10克、结球莴苣叶1大片、酸黄瓜片3片、蛋黄酱20克

▶做法

1. 煎荷包蛋。
2. 将火腿煎上色，培根煎熟，备用。
3. 将熟鸡肉、番茄切片备用。
4. 将白吐司烤黄并涂上软奶油。
5. 在一片吐司上放上结球莴苣叶、酸黄瓜片、鸡肉片、番茄片。
6. 再放上另一片吐司。
7. 铺上火腿、培根、煎荷包蛋，挤上蛋黄酱。
8. 将第三片吐司盖上。
9. 用竹签在四边插紧后切边，再斜对角切成4块，盛盘。

Tips

· 三明治旁边可以加上生菜、薯条作为配菜。

红酒
烩牛肉

▶材料

洋葱80克、胡萝卜80克、西芹80克、牛腩500克、胡椒盐适量、红酒适量、百里香适量、澄清奶油30毫升、月桂叶2片、牛骨原汁300毫升、小牛骨白高汤500毫升、洋菇80克、培根50克

▶做法

1. 将洋葱、胡萝卜、西芹切成方块。
2. 将牛腩切成5厘米长的条状。
3. 将切好的牛腩用胡椒盐、红酒、百里香腌泡10分钟。
4. 取出腌泡好的牛腩入锅，用澄清奶油煎上色（约3分钟）。倒入少许红酒一起煎，将酒味去除，盛起备用。
5. 将洋葱、胡萝卜、西芹、月桂叶一起炒软，倒入红酒，放入步骤4的牛腩。
6. 加入牛骨原汁与小牛骨白高汤，约煮1½小时至牛肉熟软。
7. 捞出牛腩。汤汁过滤后，保留备用。
8. 热锅，将洋菇、培根放入炒熟。
9. 将牛腩、汤汁一同放入锅中熬煮，加入胡椒盐调味，煮滚后10分钟起锅。

普罗旺斯烤小羊排

▶材料

带骨羊排1块、红酒20毫升、胡椒盐适量、百里香碎1小匙、迷迭香碎1小匙、大蒜碎5克、罗勒叶碎1小匙、第戎芥末酱20克、色拉油20毫升、面包糠50克

▶波特酒酱汁

奶油20克、红葱头碎20克、波特酒80毫升、牛骨原汁360毫升、胡椒盐适量、冷奶油1/2克

▶蜜汁洋葱

糖35克、奶油30克、小洋葱半个、红酒150毫升、红酒醋30毫升、月桂叶1片

▶做法

1. 先去除带骨羊排表面的油脂，肋骨上的筋清除干净。

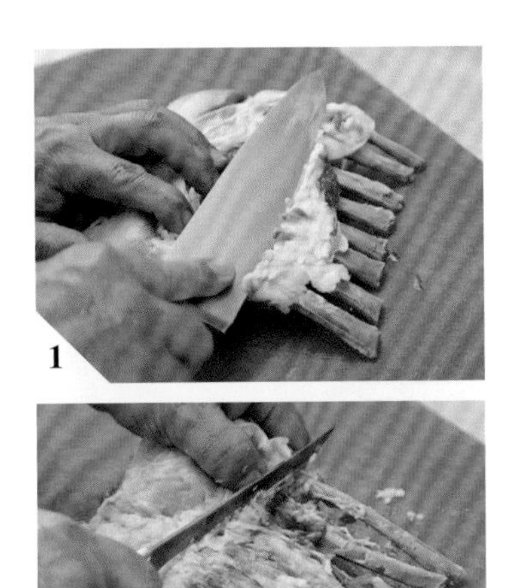

2. 羊排用红酒、胡椒盐腌渍。

3. 将百里香碎、迷迭香碎、大蒜碎、罗勒叶碎与第戎芥末酱搅拌均匀备用。

4. 用色拉油将羊排煎上色，约三成熟后抹上步骤3的材料，再蘸上面包糠。

5. 将烤箱预热至180℃，将羊排烤至约七成熟后取出备用。

6. **制作波特酒酱汁：**在锅内放入奶油、红葱头碎炒香，放入波特酒炒至汤汁剩一半后，放入牛骨原汁煮成浓稠状；过滤掉杂质和红葱头碎，留下酱汁，重新放到炉上加热，用胡椒盐调味，放入冷奶油使其融合即可。

7. **制作蜜汁洋葱：**取一个锅，放入糖、奶油，再放入小洋葱炒香。

8. 加入红酒、红酒醋、月桂叶煮至完全收汁，即成蜜汁洋葱。

9 将烤好的羊排沿肋骨方向切块，附上蜜汁洋葱，最后淋上波特酒酱汁即可。

Tips

- 羊排上的油脂有较浓的膻味，有些人不太喜欢，所以要将其去除。把肋骨上的筋清除干净，比较美观。
- 制作波特酒酱汁时，最后可放入一小块冷奶油，离火摇晃使其熔化，让酱汁更光亮、更浓稠且风味更好。

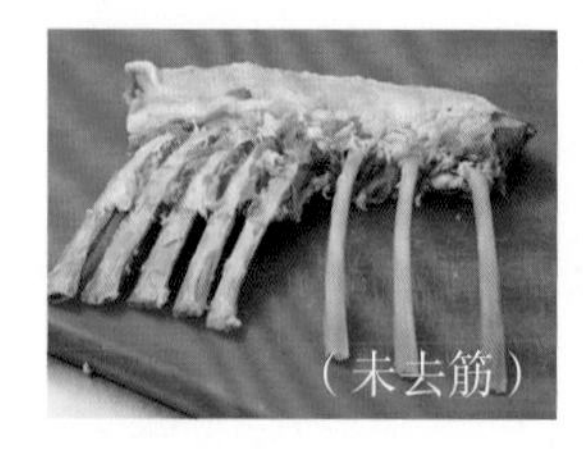

（未去筋）

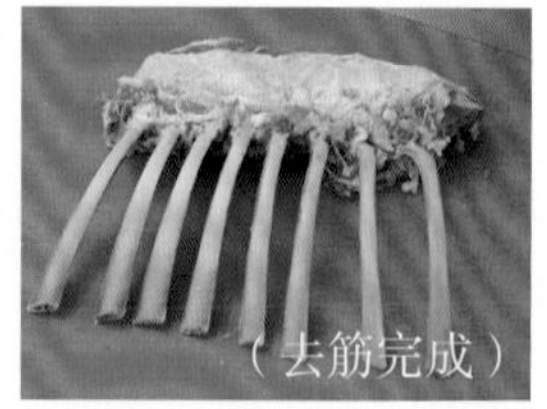

（去筋完成）

佛罗伦萨鸡排附鲜菇饭

▶材料

红葱头碎30克、奶油80克、菠菜120克、胡椒盐适量、鸡腿300克、白葡萄酒80毫升、高筋面粉20克、鸡高汤适量、鲜奶油50毫升、葛瑞耶起司50克、帕玛森起司粉20克、蒜碎5克、洋菇15克、鲜香菇15克、大米150克

▶做法

1. 将10克红葱头碎用20克奶油炒香。

2. 加入菠菜、胡椒盐炒至菠菜熟，铺在盘子上备用。

3. 在鸡腿上撒上胡椒盐，用30毫升白葡萄酒腌一段时间，两面蘸上薄薄的一层面粉（分量外），煎至上色。

3

3

3

4. 煎好后放入少许鸡高汤和30毫升白葡萄酒，放入烤箱以200℃烤10分钟。取出，烤汁倒出备用，烤鸡腿放在步骤2的菠菜上。

4

5. 在20克奶油中加入20克高筋面粉炒成白油糊。

6. 再加上150毫升鸡高汤做成鸡浓汁备用。

7. 将烤汁倒入沙司锅加热浓缩，加入煮好的鸡浓汁、鲜奶油、葛瑞耶起司煮成酱汁，即摩尼亚酱汁（mornay sauce）。